Arbustes

Pages 160-235 Si les arbustes sont en général plus petits, le critère principal permettant de les distinguer des arbres n'est pas la hauteur mais le nombre de troncs. Un arbuste présente dès le niveau du sol plusieurs tiges principales de même vigueur. Il arrive souvent que de nouvelles pousses émergent du sol par la suite. Parmi les arbustes, on trouve aussi bien des conifères, à aiguilles ou à écailles, que des feuillus.

Lianes

Pages 236-245 Les plantes ligneuses grimpantes, ou lianes, peuvent atteindre, voire dépasser, la hauteur d'un arbre. Leurs tiges principales ne sont toutefois pas assez solides pour tenir droit et elles doivent se fixer à un support avec des vrilles ou des racines spéciales, ou s'enrouler autour à mesure qu'elles poussent vers le haut. En l'absence de support, certaines plantes peuvent former une silhouette compacte ou ramper sur le sol.

Les caractéristiques

H Indique la hauteur de l'arbre ou de l'arbuste en mètres (m). Il s'agit en règle générale de la dimension maximale que peut atteindre la plante en Europe.

Mai (ou tout autre mois) Indique la période de floraison. Pour les espèces indigènes, il s'agit de celle observée dans leur principale région d'origine. Pour les espèces non européennes, elle correspond à la période de floraison observée dans les jardins et parcs européens.

Margot et
Roland Spohn

350 arbres et arbustes

Comment utiliser ce livre

Pour chaque espèce décrite, vous trouverez des informations concernant son habitat, son utilisation, son histoire ou sa biologie. Des illustrations comportant des annotations sur les principales caractéristiques facilitent la reconnaissance. La photo principale montre l'arbre sous son aspect le plus courant. Chez certains arbustes dont les silhouettes sont proches, cette photo présente une partie caractéristique de la plante. D'autres illustrations insistent sur les principaux critères de détermination. Les marges contiennent du texte et des illustrations concernant l'habitat, les caractéristiques principales, ainsi que le dessin d'une feuille. Pour les arbres et arbustes dont la description occupe une page entière, vous découvrirez dans un encadré intitulé « **Le saviez-vous ?** » quelques particularités intéressantes sur la plante.

Hauteur : mesurée à partir du sol, en mètre.
Mois : principale période de floraison.

Informations principales
Ce texte donne des informations particulières dans différents domaines, comme l'utilisation, l'histoire, la médecine et la biologie.

Les petites illustrations
montrent les principaux détails qui facilitent l'identification de la plante. Il peut s'agir des fleurs, des fruits, ou encore de l'écorce. Les légendes qui les accompagnent soulignent les éléments caractéristiques.

Une grande photographie
reproduit, pour les arbres, la plante dans son entier. Pour les arbustes, elle montre la totalité de la plante ou une partie caractéristique. Les commentaires se rapportent aux principaux critères.

Nom vernaculaire
Nom scientifique
Famille

Habitat
Pour les espèces originaires d'Europe, le texte indique les types d'habitat naturel et les aires de distribution. Pour les arbres issus d'autres continents, vous trouverez des informations sur les lieux où ils sont le plus fréquemment plantés. Quelques lignes supplémentaires évoquent un élément particulier de l'arbre ou de l'arbuste, illustré par une petite photo au-dessus du texte.

Caractères importants
Ces quelques phrases courtes citent des points intéressants pour la détermination, l'habitat ou l'utilisation.

Feuille
Le dessin montre une feuille typique et la légende souligne les points importants à observer.

Code couleurs
Chaque groupe principal de plantes est signalé par une couleur reprise sur le bandeau (voir aussi les pages d'ouverture).

Symbole
Le pictogramme indique à quel groupe appartient la plante (voir aussi les pages d'ouverture).

Le saviez-vous ?
Cet encadré contient une information particulièrement intéressante sur la plante. Dans quelques cas, il montre aussi une espèce apparentée.

Les différentes silhouettes

Les plantes ligneuses présentées dans ce livre sont classées en quatre groupes principaux. L'un regroupe les conifères, les autres distinguent les plantes selon leur mode de croissance et leur silhouette. Ces groupes se retrouvent facilement grâce au code de couleur. Avec un peu d'habitude, la silhouette se reconnaît de loin et donne immédiatement un premier élément de détermination. Dans chaque groupe, les plantes possèdent des caractéristiques de base communes :

épicéa

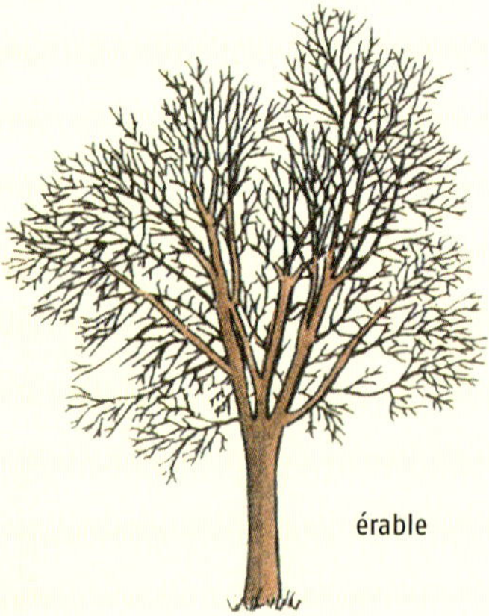

érable

Les conifères possèdent un tronc et une couronne généralement persistante, à la silhouette souvent conique.

Les feuillus ont un tronc surmonté d'une couronne qui se dénude généralement en hiver, de forme souvent arrondie ou irrégulière.

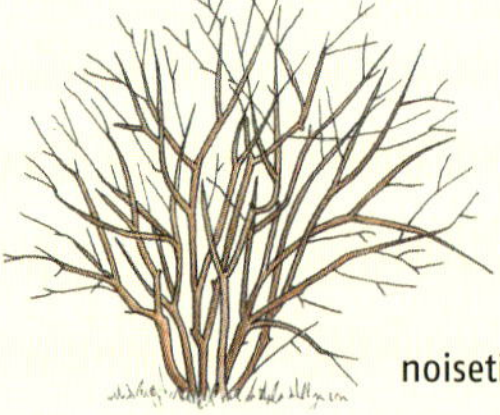

noisetier

Les arbustes se ramifient dès le sol en plusieurs tiges, souvent de vigueur comparable.

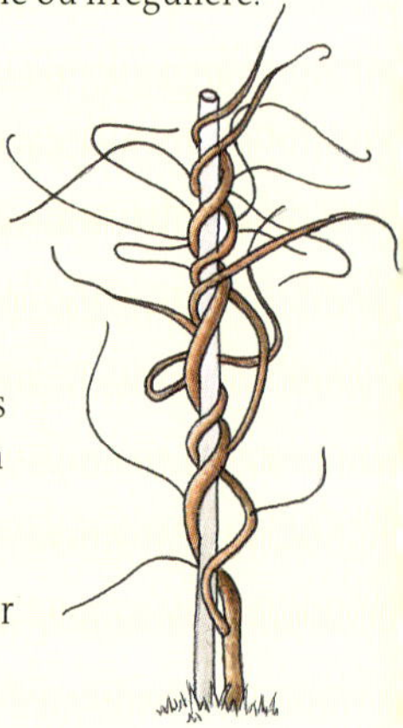

glycine

Les lianes sont incapables de tenir droit. Elles ont besoin d'un support sur lequel elles vont s'accrocher ou s'enrouler.

Comment un arbre est-il constitué ?

Pour l'identification, il est important de bien connaître la structure typique d'un arbre. La partie qui jaillit directement du sol à partir du système racinaire souterrain est le **tronc**. De hauteur variable, il peut se prolonger jusqu'au sommet de l'arbre ou se diviser au-dessus du sol en plusieurs troncs secondaires. Sur le tronc sont insérées un nombre plus ou moins important de **branches**, qui se divisent en **rameaux**. Branches et rameaux forment la **couronne**, dont la partie a plus élevée est la **cime**.

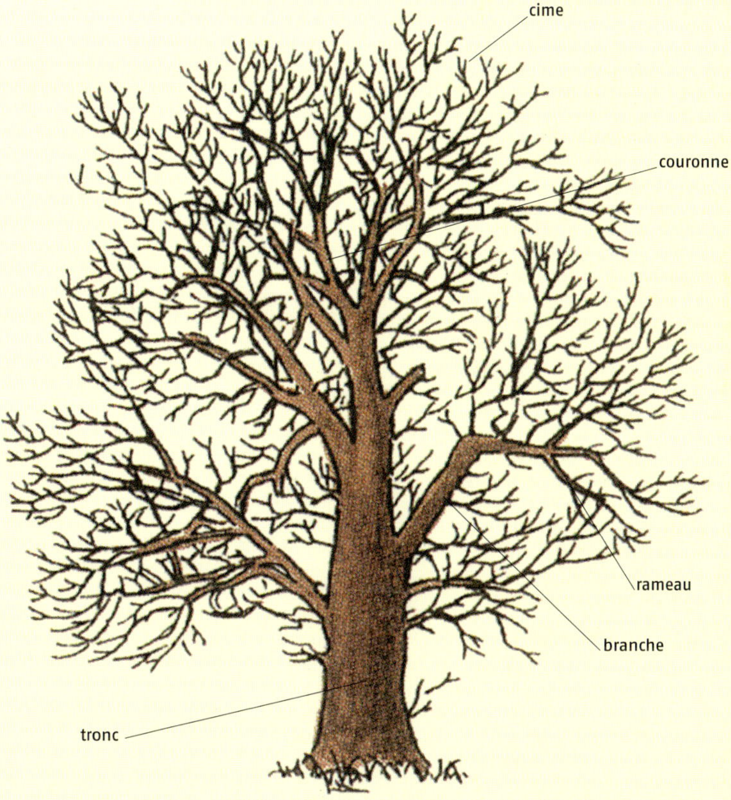

Feuilles

Les caractéristiques des feuilles sont parmi les critères de détermination les plus importants. C'est pourquoi les groupes principaux présentés dans ce livre, reconnaissables au code de couleur, sont subdivisés en cinq sous-groupes en fonction de la forme et de l'aspect du limbe de la feuille. En plus de la **forme** des feuilles, il est également important pour la détermination d'observer leur **disposition** sur le rameau.

Disposition des feuilles

La disposition des feuilles sur le rameau obéit à quelques modèles qu'il est très utile de connaître pour l'identification. Pour cela, vous devez examiner le rameau non pas à son extrémité mais sur une section intermédiaire. Dans la plupart des cas, les feuilles se présentent de l'une des quatre façons suivantes :

1. alternes
laurier

2. opposées
troène

3. en faisceaux
cèdre du Liban

4. en verticilles
genévrier

Structure d'une feuille

Forme des feuilles

Vous trouverez ces **cinq** symboles à l'intérieur des bandeaux de couleur sur chaque page.

1. feuilles en forme d'aiguille ou d'écaille

aiguille
sapin de Sitka

écaille
cyprès d'Italie

2. feuilles lobées

bord lobé
chêne pédonculé

feuille trilobée
érable de Montpellier

3. feuilles entières, aplaties, avec un bord lisse

ovale
hêtre commun

cordiforme
arbre de Judée

lancéolée
bois-gentil

4. feuilles entières, aplaties, avec un bord plus ou moins crénelé, denté ou épineux

bord denté
merisier

bord crénelé
hêtre de l'Antarctique

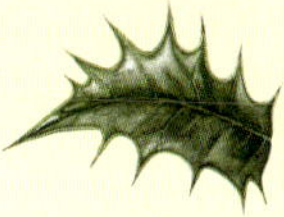

bord épineux
houx

5. feuilles composées

paripennée
lentisque

imparipennée
noyer

bipennée
albizzia

trifoliolée
poncirus

palmée
marronnier

Fleurs

De nombreux arbres et arbustes produisent des fleurs typiques qui facilitent la détermination. Il faut également tenir compte de la disposition des fleurs sur le rameau. Certaines sont solitaires tandis que d'autres sont réunies en groupes. Il est également intéressant de repérer la période de floraison : dans certains cas, les fleurs apparaissent tôt dans l'année, avant les feuilles.

Structure d'une fleur

Le schéma suivant montre la structure élémentaire d'une fleur. À partir de ce schéma de base, il existe de nombreuses variations. Il peut arriver que certaines parties soient complètement absentes.

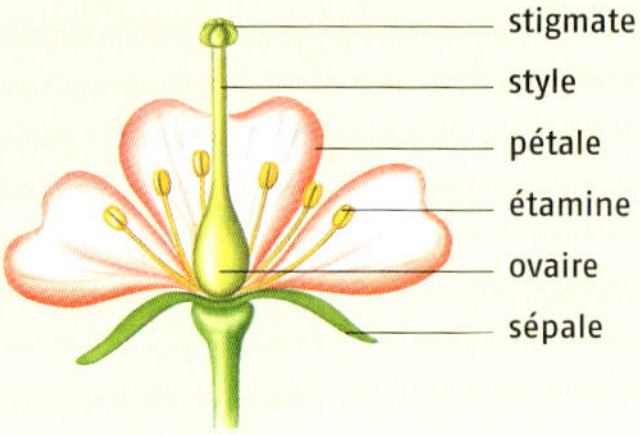

fleur mâle avec étamines, sans ovaire
ricin

fleur femelle avec ovaire et stigmates, sans étamines
ricin

Forme des fleurs

Les différentes parties d'une fleur peuvent varier en nombre, en disposition ou en forme, ce qui donne finalement une immense diversité d'aspects.

à 4 pétales
houx

à 5 pétales
cognassier

à nombreux pétales
magnolia de Kobé

double
amandier de Chine

papilionacée
genêt d'Espagne

en entonnoir
datura

tubulaire
dentelaire du Cap

campanulée
bruyère arborescente

Disposition des fleurs

Si les fleurs sont parfois solitaires, elles sont aussi souvent réunies en inflorescences. Ces dernières se distinguent par la façon dont les fleurs individuelles sont groupées.

inflorescence femelle d'un conifère (cône)
mélèze du Japon

fleur solitaire à l'aisselle des feuilles
câprier

inflorescence mâle d'un conifère
mélèze du Japon

grappe
laurier-cerise

chaton femelle
saule des vanniers

panicule
faux-vernis du Japon

chaton mâle
saule des vanniers

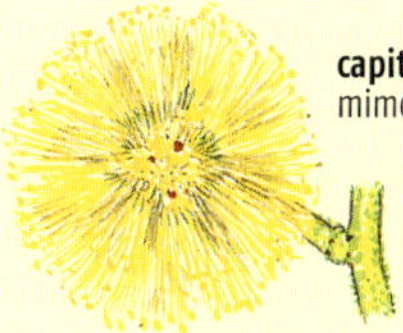

capitule
mimosa d'hiver

Fruits

Les espèces fruitières sont cultivées pour leurs fruits, mais chez les autres arbres, ces derniers peuvent servir à l'identification. Devant un arbre ou un arbuste inconnu, cela peut être utile d'en rechercher. Ils commencent à se développer juste après la floraison et sont donc présents sur l'arbre pendant une longue période, à des stades de maturité différents. Dans bien des cas, on peut encore les trouver en hiver sur l'arbre dénudé ou au pied de celui-ci, dissimulés dans les feuilles mortes.

Conifères

cône
pin pignon

Les graines se situent entre les écailles ligneuses.

cône à l'aspect de baie
genévrier commun

Des écailles charnues entourent les graines.

Feuillus

capsule
marronnier d'Inde

Le fruit mûr s'ouvre et laisse paraître un nombre plus ou moins important de graines.

gousse
genêt à balais

Le fruit typique des légumineuses s'ouvre en deux valves.

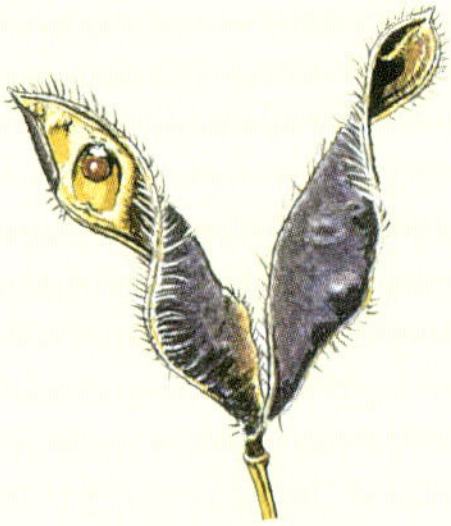

baie
groseillier à maquereaux

Les graines sont éparpillées dans la pulpe plus ou moins juteuse du fruit.

drupe
prunier

La chair plus ou moins épaisse contient un noyau dur dans lequel est enfermée la graine.

nucule
noisetier

La graine est entourée d'une simple enveloppe dure, sans pulpe.

fruit contenu dans une cupule ligneuse
chêne-liège

Le fruit sec est partiellement enveloppé par une cupule ligneuse.

samare
orne à fleurs

Le fruit sec contenant une graine est muni d'une excroissance en forme d'aile membraneuse.

fruit composé
framboisier

Ce type de fruit ressemble à un fruit unique alors qu'il est en fait composé de nombreux fruits individuels (groupés autour du réceptacle de la fleur dans le cas de la framboise).

Encadré « Le saviez-vous ? »

Nous sommes tous les jours en contact avec les arbres ou leurs dérivés, la plupart du temps sans même nous en rendre compte. Pour chaque espèce décrite, vous trouverez dans ce livre des informations concernant différents domaines. Les éléments les plus importants occupent la majeure partie de la page et les encadrés « **Le saviez-vous ?** » viennent en complément en mettant l'accent sur un point particulièrement intéressant.

Arbres fournisseurs de matière première

Le bois représente la plus grande valeur des arbres. À toutes les époques, celui-ci a souvent joué un rôle vital. De nos jours encore, nous l'utilisons pour le chauffage, la construction et la fabrication du papier. Il présente des qualités très différentes et donc des usages divers en fonction de l'espèce dont il provient.

Le saviez-vous ?

Le bois d'if est dense, dur et cependant très élastique. « Ötzi », l'homme préhistorique retrouvé dans un glacier des Alpes, avait à ses côtés un arc en bois d'if. Au Moyen Âge, cet arbre était employé pour la fabrication d'arbalètes, d'instruments de mesure et de tours à bois.

Arbres nourriciers et soigneurs

Les grands jardins hébergent presque tous des arbres et arbustes fruitiers, en particulier les pommiers dont il existe une infinité de variétés. Mais les fruits ramassés dans la nature sur des arbres sauvages séduisent de plus en plus d'amateurs. Les arbres sont également une source importante pour diverses substances médicinales. Certaines espèces sont cultivées à grosse échelle dans ce but. Les substances actives se trouvent dans différentes parties de l'arbre, selon les espèces. Les producteurs utilisent généralement les fruits, les feuilles, l'écorce, et plus rarement les fleurs ou le bois. La récolte et la cueillette de ces parties sont le plus souvent manuelles. Pour assurer une bonne conservation, le travail doit être effectué très soigneusement.

Le saviez-vous ?

Les fruits, appelés « cornouilles », sont particulièrement recherchés par les amateurs de fruits sauvages. La confiture faite avec les fruits bien mûrs a un délicieux parfum de fraise des bois et de cynorrhodon.

Arbres d'ornement

Rares sont les jardiniers qui se posent la question de savoir d'où viennent les beaux arbres à fleurs ou à feuillage coloré dont ils s'occupent avec soin. Les parcs nous offrent aussi une grande diversité d'arbres et d'arbustes, souvent originaires de pays lointains. Outre les espèces sauvages, on y trouve un nombre incalculable de variétés horticoles cultivées pour leurs qualités ornementales.

Le saviez-vous ?

Le buis se prête parfaitement à l'art topiaire qui consiste à tailler les végétaux pour obtenir des formes décoratives. Il était particulièrement apprécié à la Renaissance et au Baroque. L'utilisation du buis comme plante de bordure remonte aux Romains, qui l'introduisirent dans le centre et l'ouest de l'Europe.

Arbres protecteurs

Un paysage cultivé et dégagé n'héberge pas une grande diversité d'animaux ni de plantes. C'est pour cette raison que les défenseurs de la nature interviennent pour favoriser la conservation ou la replantation d'espaces boisés. Les bois et forêts servent de refuge à de nombreux animaux – du cerf au puceron –, mais aussi aux champignons, aux mousses et aux fleurs.

Le saviez-vous ?

*On trouve parfois sur les arbustes des chenilles vivement colorées. Ce sont les larves d'un papillon nocturne, le sphinx du troène (*Sphinx ligustri*).*

Symboles et légendes

Que ce soit pour trouver de la nourriture, récupérer des matériaux de construction ou extraire des teintures, nos ancêtres utilisaient les arbres presque tous les jours. Dès le début, les hommes furent impressionnés par des arbres à la hauteur imposante et à l'âge vénérable. Ils se réunissaient dessous, les vouaient aux dieux ou les décrivaient dans leurs contes et légendes. C'est ainsi que sont passées à la postérité des histoires et anecdotes captivantes sur de nombreux arbres.

Le saviez-vous ?

Dans la mythologie grecque, l'un des douze travaux d'Hercule consistait à rapporter les pommes d'or des Hespérides. Il réussit par la ruse et revint avec des coings. La « pomme de Vénus » était aussi en réalité un coing.

350 arbres et arbustes

Sapin argenté

Abies alba (pinacées)

H 30-50 m mai

***Habitat** Forêts montagneuses d'Europe centrale et du Sud, souvent associé à l'épicéa commun (p. 25) ou au hêtre commun (p. 60). Écorce gris clair typique.*

> ***Peut vivre 600 ans.***
> ***Racines descendant profondément dans le sol.***
> ***Produit un bois sans résine.***

Pour élaborer le miel de sapin à l'arôme puissant, les abeilles ne butinent pas les fleurs mais les gouttelettes sucrées rejetées par différents pucerons qui sucent la sève des sapins et des épicéas. Les peuplements de sapin argenté ont fortement régressé au cours des 2 siècles derniers. C'est l'un des premiers arbres à avoir souffert des effets de la pollution croissante de l'air, marquant le début du dépérissement des forêts.

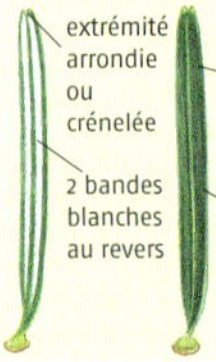

Le saviez-vous ?

Quand vous trouvez un cône sur le sol en forêt, il ne s'agit jamais d'un cône de sapin. À maturité, celui-ci se désarticule sur l'arbre : les écailles tombent par terre laissant l'axe central seul accroché à la branche.

Sapin de Grèce

Abies cephalonica (pinacées)
H 20-35 m   mai

Dans son habitat naturel, le sapin de Grèce est menacé par l'activité humaine. Il ne subit pas seulement les incendies, mais aussi le tourisme intensif et la pollution de l'air. L'arbre figure de ce fait sur la liste mondiale des espèces menacées. Il existe actuellement en Grèce des réserves destinées à sa protection.

Habitat *Forêts montagneuses de Grèce. Dans le reste de l'Europe, arbre d'ornement dans les parcs et les jardins. Écorce craquelée en nombreuses petites plaques.*

> ***Jeunes pousses sensibles aux gelées.***
> ***Supporte la sécheresse en été.***
> ***Est aussi cultivé comme arbre de Noël.***

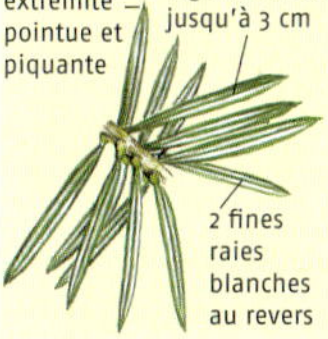

Sapin du Colorado

Abies concolor (pinacées)
H 20-30 m   mai-juin

Ceux qui ont eu l'occasion de fêter Noël en Californie l'ont sûrement fait au pied d'un sapin du Colorado. La demande est telle qu'il est là-bas cultivé dans des plantations. L'écorce des jeunes arbres forme souvent des boules qui renferment une résine transparente et odorante. Ce « baume du Canada » est utilisé pour monter des préparations microscopiques.

Habitat *Indigène en Amérique du Nord. En Europe centrale, dans les parcs et les jardins. Aiguilles typiquement courbées sur le dessus du rameau.*

> ***Bel arbre d'ornement.***
> ***Supporte l'atmosphère sèche des villes.***
> ***A besoin de beaucoup de place dans le jardin.***

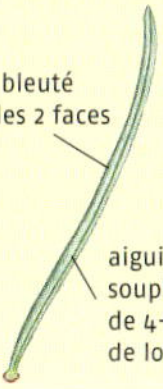

Sapin de Vancouver

Abies grandis (pinacées)

H 30-50 m   mai-juin

Habitat *Originaire de la côte pacifique de l'Amérique du Nord. En Europe, dans les parcs et les exploitations forestières. Aiguilles de différentes longueurs sur le même rameau.*

> ***La plus grande espèce de sapin.***
> ***Les aiguilles dégagent un parfum d'orange.***
> ***Exige une hygrométrie élevée.***

Dans son aire d'origine, ce sapin peut atteindre 100 m de haut. Il supporte bien les gelées et pousse rapidement si le sol lui convient. Le bois qu'il produit en abondance n'a pas une grande valeur et sert essentiellement à la fabrication du papier. Les sapins de Vancouver font également de beaux sapins de Noël et fournissent des rameaux décoratifs.

Sapin noble

Abies procera (pinacées)

H 15-25 m   mai

Habitat *Indigène en Amérique du Nord. En Europe, essentiellement dans les parcs. Hormis les cônes, se distingue aussi par son feuillage presque argenté.*

> ***Les cônes les plus remarquables de tous les sapins.***
> ***Synonyme d'Abies nobilis.***
> ***Peut atteindre 80 m dans son habitat naturel.***

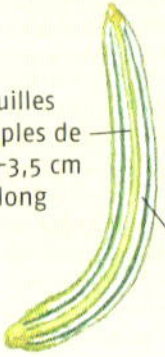

Parmi les sapins, le sapin noble détient deux records : il produit les plus grands cônes et peut vivre plus de 700 ans. Les rameaux épais et denses, d'un joli vert, sont prisés pour les décors de Noël. Dans les jardins, cet arbre robuste prend souvent un aspect clairsemé avec l'âge.

Sapin de Nordmann

Abies nordmanniana (pinacées)

H 25-60 m mai-juin

Dans sa région d'origine, ce conifère pousse dans des zones montagneuses aux étés frais, pas trop secs, et aux hivers très froids. Dans nos jardins, il résiste cependant bien à la sécheresse estivale. Le bois blanc, sans résine, est utilisé pour la production de cellulose et de pâte à papier.

Habitat *Indigène du Caucase jusqu'au nord-est de la Turquie. En Europe centrale, dans les parcs, les jardins et les forêts. Les rameaux sont souvent densément garnis.*

- ***A besoin d'un sol humide.***
- ***Peut vivre jusqu'à 500 ans dans son habitat naturel.***
- ***Aiguilles persistant de nombreuses années.***

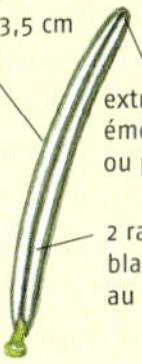

Le saviez-vous ?

En Europe centrale, le sapin de Nordmann est planté entre autres pour la production de sapins de Noël. Une fois coupés, les arbres ou les rameaux gardent leurs aiguilles bien plus longtemps que le sapin argenté (p. 18) ou l'épicéa commun (p. 25).

Sapin de Corée

Abies koreana (pinacées)

H 5-10 m   mai

Habitat *Indigène en Corée. En Europe, dans les parcs et les jardins. Produit également de nombreux cônes sur les branches basses.*

- > ***Bel arbre d'ornement.***
- > ***Tolère le climat urbain.***
- > ***Il existe plusieurs variétés dans le commerce.***

Le sapin de Corée a une croissance très lente. Il peut atteindre 20 m dans son habitat naturel, mais dépasse rarement 7 m dans les jardins. Il est de ce fait particulièrement adapté aux petits jardins. Les jeunes arbres, mesurant parfois à peine plus de 1 m, se couvrent rapidement de cônes décoratifs qui persistent assez tard en hiver.

Sapin d'Espagne

Abies pinsapo (pinacées)

H 15-25 m   mai

Habitat *Indigène dans le sud de l'Espagne uniquement. En Europe, fréquent dans les parcs et les jardins. Les aiguilles sont disposées en brosse autour du rameau.*

- > ***Rare et menacé dans son pays d'origine.***
- > ***A besoin de suffisamment de soleil.***
- > ***Il existe des variétés cultivées à feuillage bleuté.***

En Espagne, on essaie de sauvegarder les dernières forêts naturelles de ce sapin. C'est également un combat contre les incendies de forêt permanents, qui, d'un côté, détruisent les peuplements, mais de l'autre, favorisent la régénération. Pour que les clairières se referment plus vite, les Espagnols ne comptent pas uniquement sur le repeuplement naturel, mais favorisent le reboisement en plantant de jeunes arbres.

Douglas

Pseudotsuga menziesii (pinacées)

H 25-30 m   mai

Le douglas pousse vite et produit un bois dur, de grande longévité. Dans une situation équivalente, il peut produire deux fois plus de bois que l'épicéa commun. Ce n'est pas étonnant qu'il ait pris aujourd'hui une telle importance économique parmi les essences d'arbres non-indigènes. Les premières graines furent introduites en Europe en 1827 par le chasseur de plantes écossais Douglas. En Allemagne, son implantation fut favorisée par le chancelier Bismarck qui, vers 1880, en fit planter dans de nombreux endroits.

Habitat *Originaire de l'ouest de l'Amérique du Nord. En Europe centrale, dans les parcs, les jardins et les forêts. Facile à reconnaître par ses cônes caractéristiques.*

> ***Les aiguilles dégagent une odeur d'agrumes.***
> ***Peut dépasser 100 m dans son habitat naturel.***
> ***Les cônes tombent en entier.***

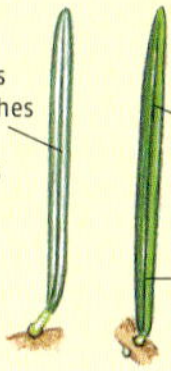

Le saviez-vous ?

L'écorce écailleuse du douglas est remarquablement épaisse. Dans sa région d'origine, elle protège la partie vivante du tronc contre les feux de forêt qui s'y produisent fréquemment.

Pruche du Canada

Tsuga canadensis (pinacées)

H 10-30 m mai

***Habitat** Indigène dans le nord-est de l'Amérique du Nord. Dans le nord et l'ouest de l'Europe, dans les parcs, plus rarement en forêt. Les petits cônes pendent sous les rameaux.*

> ***Pousse aussi très bien à l'ombre.***
> ***Peut être taillé en haie.***
> ***Il existe plusieurs variétés horticoles.***

La pruche du Canada est un arbre de climat frais et humide. C'est un gros producteur de bois, bien que ce dernier soit tendre et peu durable. En Amérique du Nord, on l'utilise pour la fabrication de caisses et de papier. Quand on écrase les aiguilles, elles dégagent une odeur de ciguë, à l'origine de l'autre nom de cet arbre, *hemlock* (« ciguë » en anglais).

Épicéa de Brewer

Picea breweriana (pinacées)

H 8-15 m avr.-mai

***Habitat** Indigène aux États-Unis, de l'Oregon au nord de la Californie. En Europe, dans les jardins. Les rameaux pendants évoquent une crinière.*

> ***Sensible à la pollution de l'air.***
> ***Convient aux grands jardins.***
> ***Également appelé « sapin de Brewer ».***

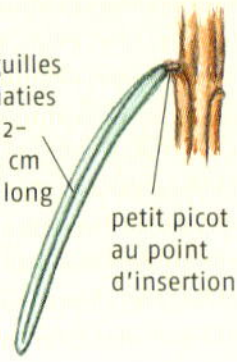

L'épicéa de Brewer est dans la nature la plus rare des espèces américaines d'épicéa. Son nom lui vient du professeur Brewer qui le découvrit dans la seconde moitié du XIXe siècle. Très ornemental avec ses rameaux pendants, il est souvent planté en sujet isolé dans les parcs ou les jardins.

Épicéa commun

Picea abies (pinacées)
H 25–30 m mai

L'épicéa est exploité depuis longtemps, le plus souvent en monoculture, dans des plantations si épaisses que les autres plantes arrivent à peine à pousser. Cette concentration favorise la propagation des parasites comme le bostryche. C'est pourquoi les sylviculteurs créent de plus en plus de plantations mixtes où l'épicéa est mélangé à d'autres essences. Mais il faudra encore de longues années avant que les dernières parcelles uniformément plantées aient disparu.

Habitat *Indigène dans le nord de l'Europe et les montagnes d'Europe centrale. Fréquent en plantations forestières. Les aiguilles sont disposées autour du rameau.*

> ***L'arbre de Noël traditionnel.***
> ***Les aiguilles se décomposent lentement.***
> ***Préfère les situations fraîches et humides.***

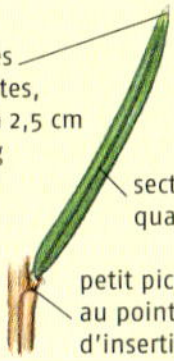

Le saviez-vous ?

Les épicéas ont un enracinement superficiel. L'arbre peut ainsi pousser dans un sol peu épais, mais il est alors facilement abattu par les tempêtes, entraînant dans sa chute son « plateau » de racines.

Sapinette d'Orient

Picea orientalis (pinacées)

H 15–50 m mai

Habitat *Originaire du nord de l'Asie Mineure et du Caucase. En Europe, souvent dans les parcs. Les aiguilles extrêmement courtes sont caractéristiques.*

> ***Il existe plusieurs variétés horticoles.***
> ***Les cônes rappellent ceux de l'épicéa commun (p. 25).***
> ***Les aiguilles les plus courtes de tous les épicéas.***

Dans son habitat naturel, la sapinette d'Orient peut former des forêts épaisses. Son bois est très résineux, on le débitait autrefois en petits tronçons qu'on allumait pour s'éclairer, comme des torches. La résine exsude souvent des rameaux sous forme de gouttes.

Épicéa de Serbie

Picea omorika (pinacées)

H 15–35 m mai

Habitat *Indigène en Bosnie et en Serbie. En Europe, dans les jardins. Les cônes sont abondants et résineux.*

> ***Peu exigeant.***
> ***Tolère aussi la fumée et la suie.***
> ***Un des conifères les plus courants dans les jardins.***

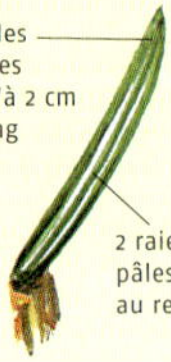

Des restes fossilisés ont révélé que l'épicéa de Serbie était autrefois beaucoup plus répandu. Aujourd'hui, il est très localisé, dans une région de ravins difficilement accessibles. Avec sa silhouette élancée et ses branches souvent pendantes, il résiste bien aux chutes de neige, car à partir d'une certaine quantité, la neige glisse des rameaux sous son propre poids.

Épicéa du Colorado

Picea pungens (pinacées)

H 10-30 m mai-juin

L'épicéa du Colorado est le « State Tree », l'arbre des États américains de l'Utah et du Colorado. Son bois n'a pas de valeur particulière, mais l'arbre se prête bien à la constitution de brise-vent. En Europe, on trouve surtout la variété à feuillage bleu-vert, très décorative, et qui est l'un des conifères les plus fréquents dans les jardins.

Habitat *Indigène dans le centre des États-Unis. Arbre d'ornement dans le nord et le centre de l'Europe. Les variétés à feuillage bleuté sont particulièrement prisées.*

> ***Également appelé « épicéa bleu ».***
> ***Très rustique.***
> ***Il existe de nombreuses variétés ornementales.***

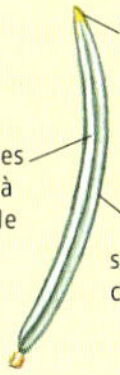

Sapinette blanche naine

Picea glauca 'Conica' (pinacées)

H 1,5-3 m avr.-mai

Cet arbre est en fait un mutant spontané de la sapinette blanche, originaire du Canada. Il a une croissance très lente et reste nain. Il ne produit pas de graines et doit être multiplié de façon végétative. Il se forme parfois des branches normales, avec des cônes. Mais le semis des graines produites donne un arbre de l'espèce type, *Picea glauca*, à la croissance vigoureuse, et non pas la forme naine.

Habitat *Découvert en 1904 au Canada. En Europe, dans les parcs, les jardins, les rocailles et les cimetières. Les jeunes pousses sont vert clair.*

> ***Croît très lentement.***
> ***Convient aux petits jardins.***
> ***Sensible à la chaleur et à la sécheresse.***

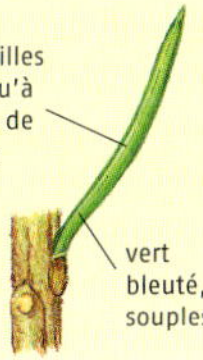

Sapin de Sitka

Picea sitchensis (pinacées)
H 15-35 m   mai

Habitat *Indigène sur la côte ouest de l'Amérique du Nord. Dans le nord-ouest de l'Europe, planté surtout en forêt. Se distingue par la teinte brun clair des cônes.*

- ***Le plus grand épicéa, jusqu'à 85 m dans son aire naturelle.***
- ***Souvent affaibli par la toxicité de l'air.***
- ***Peut vivre jusqu'à 800 ans.***

Le bois robuste mais léger du sapin de Sitka se prête à de multiples usages. Il jouait autrefois un rôle important dans la construction aéronautique. Le *Spirit of Saint Louis*, l'avion à bord duquel Charles Lindbergh réalisa la première traversée de l'Atlantique en 1927, était en partie constitué de ce bois.

Cryptoméria du Japon

Cryptomeria japonica (taxodiacées)
H 6-20 m   févr.-mars

Habitat *Indigène dans les montagnes du Japon et de la Chine. En Europe centrale, dans les parcs. Facile à identifier par ses aiguilles typiques.*

- ***Le gel teinte souvent les aiguilles de brun rougeâtre.***
- ***A besoin de suffisamment d'humidité.***
- ***Peut vivre jusqu'à 500 ans.***

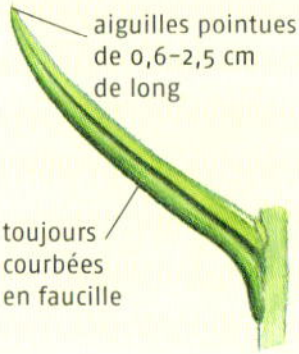

Au Japon, ce cryptoméria est une essence forestière de grande importance. Son bois non résineux est employé en construction, mais également pour la fabrication de tonneaux et de cuves. Il supporte particulièrement bien les milieux humides.

Métaséquoia du Sichuan

Metasequoia glyptostroboides (taxodiacées)
H 20-35 m mai

Quelques années après sa découverte en 1941, on plantait déjà le métaséquoia du Sichuan comme une curiosité dans de nombreux parcs d'Europe. Au début, il était multiplié uniquement par bouturage. Grâce à leur hérédité, les boutures d'apparence frêle finissaient par se développer avec beaucoup de vigueur. On trouve de nos jours des plantations dans de nombreux pays du globe.

Habitat *Confiné dans une petite région de Chine. En Europe, dans les parcs et les jardins. En automne, les aiguilles deviennent orange puis rouge cuivré.*

- ***Les aiguilles et les rameaux latéraux courts tombent en automne.***
- ***Considéré comme un « fossile vivant ».***
- ***Sensible aux gelées tardives.***

Le saviez-vous ?

Les premières traces connues de cet arbre étaient des empreintes fossiles datant du Jurassique. Puis en 1941, des arbres vivants furent découverts dans une petite région de Chine – un événement aussi bien pour les botanistes que pour les paléontologues !

Cyprès chauve

Taxodium distichum (taxodiacées)

H 20–35 m mars–avr.

Habitat *Originaire des régions marécageuses du sud-est de l'Amérique du Nord. En Europe, dans les parcs. Développe en milieu humide des racines (pneumatophores) qui émergent du sol.*

> ***Les aiguilles et rameaux courts tombent en automne.***
> ***Rejette de souche.***
> ***Peut pousser dans l'eau.***

Le rôle exact des racines remarquables qui jaillissent du sol en nombre important n'est pas encore définitivement éclairci. On pensait autrefois que ces « racines respiratoires » approvisionnaient les parties immergées en oxygène pendant les périodes de hautes eaux. Aujourd'hui, on pense plutôt qu'elles jouent un rôle dans l'ancrage de l'arbre dans les sols marécageux. Les cyprès chauves sont rarement abattus par les tempêtes, même fortes.

Le saviez-vous ?

Avec le métaséquoia du Sichuan (p. 29) et les mélèzes (p. 44-45), le cyprès chauve fait partie des quelques conifères au feuillage caduc. Il arrive assez fréquemment que certaines personnes, en voyant ses teintes automnales, pensent que l'arbre est malade.

Séquoia sempervirent

Sequoia sempervirens (taxodiacées)

H 20-30 m   févr.-mars

Cet arbre puissant peut vivre jusqu'à 1 000, voire 1 500 ans. Pour de nombreux Américains, il est le symbole de la constance. Depuis qu'elles ont commencé à être exploitées, les forêts primaires de la côte californienne ont été détruites à près de 85 %. Le bois de grande longévité est très recherché à travers le monde.

***Habitat** Indigène dans l'ouest de l'Amérique du Nord. En Europe, dans les parcs et les jardins de climat doux, rarement en forêt. Les aiguilles sont souvent de longueur inégale sur le rameau.*

- > ***Persistant.***
- > ***Peut dépasser 100 m dans son aire naturelle.***
- > ***Parfois appelé « redwood de Californie ».***

Genévrier oxycèdre

Juniperus oxycedrus (cupressacées)

H 2-15 m   févr.-mars

Dans l'Antiquité, les espèces arborescentes de genévrier étaient désignées sous le nom de « cèdre », d'où le nom scientifique de l'espèce *oxycedrus* et le nom commun « petit cèdre » qu'on lui donne parfois. Ce genévrier est aussi appelé « cade ». On extrait de son bois l'huile de cade, utilisée pour ses vertus cicatrisantes.

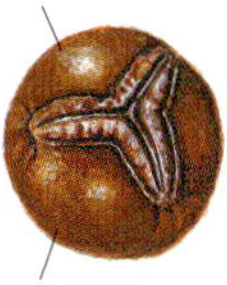

***Habitat** Pousse dans la garrigue et le maquis des régions méditerranéennes. Se distingue du genévrier commun (p. 32) par la teinte brun-rouge des fruits.*

- > ***Également appelé « petit cèdre d'Espagne ».***
- > ***Surtout dans les sols pierreux ou sableux.***
- > ***Les fruits mûrissent en 2 ans.***

Genévrier commun

Juniperus communis (cupressacées)

H 2-10 m avr.-mai

Habitat *Landes, bois clairs et secs, de l'Europe jusqu'au nord de la Chine. Les fruits mûrissent en 2 ou 3 ans.*

> ***Pas consommé par les animaux.***
> ***Le feuillage écrasé est très aromatique.***
> ***Arbre ou arbuste typique de la « lande à genévrier ».***

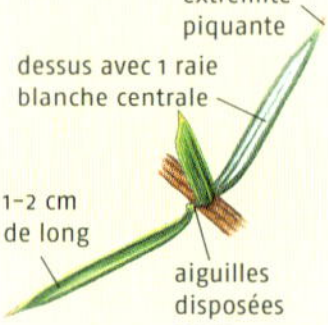

Autrefois, quand une épidémie touchait les hommes ou le bétail, on allumait des rameaux de genévrier pour enfumer et assainir les habitations et les étables. La fumée épaisse et piquante était censée chasser démons et sorcières. Les fruits contiennent aussi une huile essentielle aromatique utilisée pour parfumer la choucroute et le gibier. L'infusion de baies stimule la fonction rénale. La baie sert aussi à aromatiser le gin, le genièvre ou certaines bières.

Le saviez-vous ?

*Le genévrier nain (*Juniperus communis ssp. alpina*) est une sous-espèce du genévrier commun. Il pousse dans les Alpes et autres montagnes élevées. On le trouve jusqu'à 3 500 m dans l'Himalaya – un record pour une plante ligneuse.*

Céphalotaxus du Japon

Cephalotaxus harringtonia (céphalotaxées)
H 3-10 m avr.-mai

Moins rustiques que les ifs (p. 34), les céphalotaxus sont de ce fait moins fréquemment plantés. Ils redoutent aussi le soleil trop ardent. Les fruits ressemblent à des petites prunes. Charnus et résineux à l'extérieur, ils sont durs et ligneux à l'intérieur. La graine fournit une huile qui peut servir de combustible.

Habitat *Indigène au Japon, en Chine et en Corée. En Europe, dans les parcs et les jardins. Les fruits sont le plus souvent solitaires ou groupés par 2.*

- ***Sans fruits, évoque un if à longues aiguilles.***
- ***Il existe des arbres mâles et femelles.***
- ***S'utilise aussi en haie.***

Désespoir du singe

Araucaria araucana (araucariacées)
H 8-30 m juin-juill.

Protégé dans son pays d'origine, cet arbre peu commun est considéré comme le conifère le plus impressionnant de l'hémisphère Sud. Les Indiens Pehuenche, qui vivent dans les forêts d'araucarias, vénèrent l'arbre. Ses graines riches en protéines et en graisses sont également pour eux une source importante de nourriture.

Habitat *Originaire des Andes chiliennes et argentines. En Europe, dans les parcs et les jardins. Facilement identifiable par ses larges aiguilles disposées en spirales.*

- ***En Europe, pousse uniquement sous climat doux.***
- ***Graine comestible.***
- ***Il existe des arbres mâles et femelles.***

If commun

Taxus baccata (taxacées)

H 2-15 m mars-avr.

Habitat *Spontané mais rare dans les forêts montagneuses d'Europe. Fréquent dans les jardins, les parcs et les cimetières. Se distingue entre autres par ses fruits.*

> ***Pousse sous forme d'arbre ou d'arbuste.***
> ***À l'exception des arilles rouges, extrêmement toxique !***
> ***Croissance très lente.***

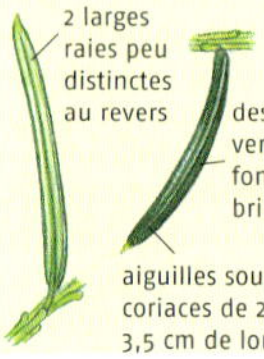

Dans l'Antiquité, l'if était consacré aux dieux des morts à cause de sa toxicité. Âgé de plusieurs siècles, l'arbre était aussi considéré comme un symbole d'immortalité. Autrefois, quand on emmenait le bétail se nourrir en forêt, les hommes abattaient les ifs, car ils provoquaient la mort de nombreuses bêtes. Associée à l'exploitation intensive du bois, cette pratique est à l'origine de la rareté actuelle de l'espèce dans la nature.

Le saviez-vous ?

Le bois d'if est dense et dur, mais très élastique. Ötzi, l'homme préhistorique retrouvé dans un glacier des Alpes, avait à ses côtés un arc en if. Au Moyen Âge, cet arbre était employé pour la fabrication d'arbalètes, d'instruments de mesure et de tours à bois.

Pin de montagne

Pinus mugo (pinacées)

H 2-4 m juin-juill.

Grâce à ses branches souples, le pin de montagne supporte bien la couverture neigeuse épaisse et durable qui caractérise son habitat naturel. L'huile essentielle extraite de l'arbre est un remède apprécié. Par inhalation, elle soulage l'encombrement des voies respiratoires ; en pommade, elle calme les douleurs musculaires et articulaires.

***Habitat** Montagnes d'Europe centrale. Dans les Alpes, il est caractéristique de l'étage subalpin. Ses cônes sont verts la première année.*

> ***Également appelé « pin mugho ».***
> ***Peut pousser dans les crevasses.***
> ***Il existe des variétés horticoles pour les jardins.***

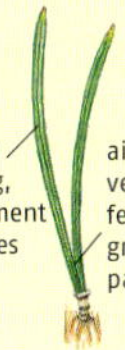

Pin à crochets

Pinus uncinata (pinacées)

H 10-20 m juin-juill.

Le pin à crochets est étroitement apparenté au pin de montagne, bien qu'il développe une silhouette très différente et ressemble plutôt au pin sylvestre (p. 36). En montagne, les arbres jouent un rôle important dans la fixation des éboulis et la protection contre les avalanches. Il existe aussi des variétés horticoles très compactes, tapissantes, idéales pour les rocailles.

***Habitat** Alpes occidentales, Pyrénées, Espagne, tourbières des Préalpes. Les cônes sont typiquement dissymétriques et penchés.*

> ***A les mêmes aiguilles que le pin de montagne.***
> ***Également appelé « pin de Briançon ».***
> ***Pousse jusqu'à la limite supérieure des forêts.***

Pin sylvestre

Pinus sylvestris (pinacées)

H 15-40 m   mai-juin

Habitat *Pousse de l'Écosse à la Mongolie et de la Finlande à la Méditerranée. Les cônes sont isolés ou groupés par 2 ou 3.*

> ***La silhouette varie selon la situation.***
> ***La plus vaste distribution géographique de tous les pins.***
> ***A besoin de suffisamment de lumière.***

Autrefois, les torches de pin, riches en résine, constituaient souvent le seul mode d'éclairage. La résine qui s'écoule des troncs entaillés sert à fabriquer l'essence de térébenthine et la colophane. On peut aussi en tirer de la poix noire et du goudron végétal. L'ambre jaune, qui est une résine fossilisée, provient également d'espèces de pins.

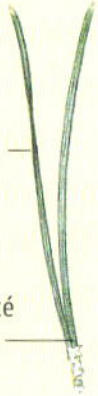

Le saviez-vous ?

L'arbre fait partie des essences forestières les plus utilisées en Europe et en Asie. Son bois ne sert pas seulement à la fabrication des meubles en pin scandinaves. Il est aussi utilisé pour les fenêtres, les portes et l'aménagement intérieur.

Pin noir

Pinus nigra (pinacées)

H 20–30 m   mai–juin

Les cônes, ou pommes de pin, s'ouvrent quand il fait sec et se referment par temps humide. Ce mécanisme permet aux graines ailées d'être emportées par le vent uniquement quand les conditions de vol sont bonnes. L'espèce supporte les embruns et convient pour les plantations en bord de mer. Son nom vient de la teinte généralement sombre de son écorce.

Habitat *Du sud de l'Europe jusqu'en Autriche et dans les Carpates. Plus au nord, dans les forêts ou les parcs et les jardins. Écorce profondément crevassée.*

- ***Il existe plusieurs sous-espèces.***
- ***Supporte bien la sécheresse.***
- ***Résiste aux tempêtes.***

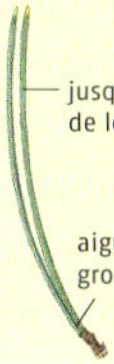

Le saviez-vous ?

Les pins produisent souvent de grandes quantités de pollen dont le transport jusqu'aux fleurs femelles est assuré par le vent. Cette « pluie de soufre » couvre aussi le voisinage d'une poudre jaune, visible sur les voitures et les flaques d'eau, et déclenche des allergies chez certaines personnes.

Pin d'Alep

Pinus halepensis (pinacées)

H 10-20 m   mars-mai

Habitat *Indigène en Méditerranée, isolé ou en formations boisées, souvent aussi en reboisement. Cônes avec un pédoncule typique courbé.*

> ***Les cônes persistent quelques années sur le rameau.***
> ***Exige beaucoup de lumière.***
> ***Très souvent détruit par les feux de forêt.***

Le pin d'Alep est très résineux. Son bois est parfait pour fabriquer des torches de pin, comme celles utilisées autrefois pour éclairer la pêche de nuit. Dans le bassin méditerranéen, la résine elle-même a longtemps été à la base d'une industrie de transformation. De nos jours, on ne l'utilise plus qu'en faibles quantités, en particulier en Grèce où elle sert à aromatiser le retzina, un vin local.

Le saviez-vous ?

Dans le sud de l'Europe, les chenilles processionnaires, dont les poils sont très urticants, s'attaquent à diverses espèces de pins. Elles se déplacent les unes derrière les autres, d'où leur nom, et forment dans les arbres des nids qui se remarquent de loin.

Pin vrillé

Pinus contorta (pinacées)

H 10-15 m   mai-juin

Les feux de forêt, tels qu'ils se produisent souvent aux États-Unis, sont bénéfiques au pin vrillé. Les cônes persistent plusieurs années sur les arbres et c'est à la faveur d'une chaleur intense qu'ils s'ouvrent et libèrent leurs graines. Les cendres fertiles qui recouvrent le sol après le feu favorisent leur germination.

Habitat *Indigène en Amérique du Nord. En Europe, dans les parcs et les jardins, peu fréquent. Planté en Écosse. Les cônes sont souvent groupés.*

> ***Peu exigeant sur la situation.***
> ***Utilisé en Amérique du Nord pour la fabrication de papier.***
> ***Également appelé « pin de Murray ».***

Pin maritime

Pinus pinaster (pinacées)

H 20-40 m   mai

Dans la nature, le pin maritime pousse sur des terres sableuses peu fertiles. De ce fait, on l'utilise volontiers pour reboiser les dunes et autres zones sablonneuses. Peu rustique, il redoute les hivers rigoureux. Également dénommé « pin des Landes », il est abondamment planté dans le sud-ouest de la France et sa résine est très exploitée.

Habitat *Centre et ouest du bassin méditerranéen, côte atlantique en France et au Portugal. Très grands cônes légèrement dissymétriques.*

> ***Cônes persistant très longtemps sur l'arbre.***
> ***Le pin européen aux plus longues aiguilles.***
> ***Nombreuses plantations à travers le monde.***

Pin pignon

Pinus pinea (pinacées)

H 15-30 m avr.-mai

Habitat *Bassin méditerranéen. Plus au nord, cultivé jusqu'au sud du Tyrol. Cônes souvent réunis en groupes sur les rameaux les plus vigoureux.*

- > ***Exige beaucoup de lumière.***
- > ***Les graines sont disséminées par les oiseaux et les rongeurs.***
- > ***Les vieux arbres sont reconnaissables de loin.***

La couronne aplatie du pin pignon, ou pin parasol, présente deux avantages : elle ombrage le sol protégeant ainsi les racines du desséchement et offre par ailleurs peu de prise aux vents côtiers, souvent violents. Comestible, la graine (pignon) a un agréable parfum d'amande, mais est difficile à extraire de sa coque dure.

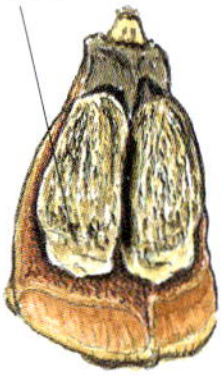

Le saviez-vous ?

Les pignons faisaient déjà partie de l'approvisionnement des troupes romaines. En Angleterre, on a découvert des écales dans des vestiges de camps romains.

Pin à bois lourd

Pinus ponderosa (pinacées)

H 15-50 m   mai-juin

Également connu sous le nom de « pin jaune des montagnes Rocheuses », cet arbre a un bois jaune et dense. Il pousse droit et produit des branches vigoureuses, ce qui en fait une des essences forestières les plus exploitées en Amérique du Nord. Tous les pins, particulièrement le pin à bois lourd, sont sensibles à la teneur de l'air en ozone.

***Habitat** Indigène dans l'ouest de l'Amérique du Nord, jusqu'à 2 700 m d'altitude. En Europe, dans les parcs. Rameaux souvent fortement arqués.*

- > ***Peut vivre jusqu'à 500 ans.***
- > ***Très fréquent dans sa région d'origine.***
- > ***Écorce épaisse très fissurée.***

Pin de Weymouth

Pinus strobus (pinacées)

H 20-50 m   mai-juin

Le pin de Weymouth produit beaucoup de bois. Il compte parmi les conifères les plus productifs de sa région d'origine, ce qui lui vaut le nom de « King of Pine », le « roi des pins ». Ses branches droites et très résistantes servent à la fabrication des mâts des gros voiliers, ainsi qu'à la construction.

***Habitat** Originaire de l'est du Canada et des États-Unis. En Europe, dans les plantations forestières et les parcs. Les jeunes cônes se trouvent à l'extrémité du rameau.*

- > ***Produit un bois très tendre, léger.***
- > ***Également appelé « pin blanc du Canada ».***
- > ***Très rustique.***

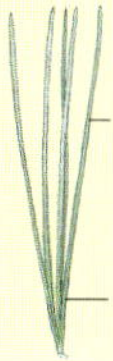

Pin cembro

Pinus cembra (pinacées)

H 10-20 m   juin

Habitat *En Europe centrale dans les Alpes et les Carpates ; en plaine dans le nord de la Sibérie. Les jeunes cônes sont teintés de violet.*

> ***Également appelé « arolle ».***
> ***Fournit un bois apprécié pour la sculpture.***
> ***Également planté dans les jardins.***

Le pin cembro produit des graines comestibles qui étaient particulièrement recherchées par les montagnards. Une sous-espèce poussant dans la taïga sibérienne fournissait ainsi de la nourriture aux paysans durant l'hiver. Les cônes ne s'ouvrent pas sur l'arbre mais tombent fermés à terre. Les graines sont généralement extraites par des rongeurs ou des oiseaux qui s'en régalent, en particulier le casse-noix moucheté.

Le saviez-vous ?

En montagne, les arolles poussent jusqu'à la limite supérieure de l'étage subalpin. Une des plus belles forêts d'arolles des Alpes se trouve dans la réserve naturelle de la forêt d'Aletsch, en Suisse, juste au-dessus de la zone des mélèzes.

Pin blanc du Japon

Pinus parviflora (pinacées)

H 3-8 m   mai-juin

Au Japon, ce pin ne pousse pas seulement dans la nature, il est aussi très fréquemment planté. Rares sont les jardins japonais qui n'en possèdent pas au moins un spécimen. Les formes basses à aiguilles courtes y sont particulièrement appréciées et souvent cultivées en bonsaï. Il existe aussi chez nous diverses variétés horticoles.

Habitat *Indigène au Japon. En Europe, dans les parcs et les jardins. Les cônes persistent plusieurs années sur l'arbre.*

> ***Peut atteindre 30 m de haut au Japon.***
> ***Se plaît dans un sol humide.***
> ***Les arbres sont souvent taillés en plateaux.***

Pin pleureur de l'Himalaya

Pinus wallichiana (pinacées)

H 15-30 m   mai-juin

Le nom commun de ce pin vient des grosses gouttes brillantes de résine qui ruissellent sur les cônes, surtout les jeunes. Dans l'Himalaya, l'arbre forme d'épaisses forêts. En Afghanistan, il peut pousser jusqu'à 4 000 m d'altitude. En Europe centrale, il orne de sa silhouette élégante de nombreux parcs et jardins.

Habitat *Pousse de l'Himalaya à l'Afghanistan. En Europe, arbre d'ornement dans les parcs et les jardins. Les aiguilles souples pendent sous les rameaux.*

> ***En hiver, redoute une insolation excessive.***
> ***Sensible aux gelées quand il est jeune.***
> ***Bel arbre d'ornement.***

Mélèze d'Europe

Larix decidua (pinacées)

H 25-35 m avr.-mai

Habitat *Originaire des Alpes et des Carpates. Très répandu dans les forêts, les parcs et les jardins. L'arbre se teinte de jaune d'or en automne.*

> ***En montagne, croît jusqu'à haute altitude.***
> ***Exige beaucoup de lumière.***
> ***Peut vivre jusqu'à 600 ans.***

Le mélèze est le seul conifère indigène à perdre son feuillage en automne. Son bois est très durable et résiste aux champignons, aux produits acides ou alcalins, et à l'humidité. Pendant des siècles, il a été utilisé pour fabriquer des conduites d'eau. De nos jours, il est employé comme bois d'œuvre pour les huisseries. Joliment veiné, il est également prisé pour la décoration intérieure et le mobilier.

Le saviez-vous ?

Contrairement à celle des pins, la résine du mélèze reste toujours liquide. Appelée « baume de Venise », elle était autrefois employée contre les rhumatismes et autres douleurs. La poix extraite de la résine sert également à étancher les tonneaux de bière.

Mélèze du Japon

Larix kaempferi (pinacées)

H 25-30 m   avr.-mai

Le mélèze du Japon, dont les racines descendent très profondément dans le sol, a besoin de beaucoup d'eau. De nos jours, dans les régions arrosées d'Europe proches du littoral, cette espèce est plus fréquemment plantée que le mélèze d'Europe (p. 44). Son bois semblable à celui de l'espèce européenne est utilisé pour la menuiserie intérieure.

Habitat *Originaire du Japon. En Europe, dans les forêts, les parcs et les jardins. Les aiguilles se teintent de jaune d'or en automne.*

> ***Pousse plus vite que le mélèze d'Europe.***
> ***Les cônes vides persistent des années sur l'arbre.***
> ***Sensible aux gelées tardives.***

Cèdre de l'Himalaya

Cedrus deodara (pinacées)

H 20-25 m   sept.

Des trois espèces de cèdres décrites ici, le cèdre de l'Himalaya est le plus sensible au froid. Bien qu'il pousse à plus de 3 000 m d'altitude dans sa région d'origine, il est souvent si abîmé par les hivers rigoureux d'Europe centrale qu'il perd sa jolie silhouette. On trouve en revanche de magnifiques spécimens des trois espèces dans le sud de l'Europe.

Habitat *Indigène en Himalaya. Bel arbre d'ornement dans les régions aux hivers doux. Tous les cèdres fleurissent en automne.*

> ***Exige une hygrométrie élevée.***
> ***Également appelé « déodar ».***
> ***Il existe une variété horticole à port pleureur.***

Cèdre de l'Atlas

Cedrus atlantica (pinacées)
H 10–20 m sept.

Habitat *Originaire des montagnes de l'Atlas, en Afrique du Nord. En Europe, fréquent dans les parcs et les jardins. Produit déjà des cônes sur les rameaux du bas.*

> ***Peut vivre jusqu'à 900 ans.***
> ***Également appelé « cèdre bleu ».***
> ***Le cèdre le plus répandu dans nos jardins.***

Les Égyptiens pensaient que l'huile résineuse extraite du bois de cèdre contribuait à la résurrection et l'utilisaient donc pour embaumer leurs morts. De nos jours, on emploie en aromathérapie une essence de cèdre légèrement liquide, extraite du bois ou des aiguilles par un procédé spécial. Par leur senteur balsamique, quelques gouttes versées dans un brûle-parfum sont censées procurer énergie et confiance en soi.

Le saviez-vous ?

Les matériaux commercialisés sous le nom de « cèdre » ne proviennent que rarement d'un vrai cèdre. On utilise bien plus fréquemment cette appellation pour désigner différents bois à odeur aromatique, tels que le genévrier de Virginie (p. 56) ou le thuya géant de Californie (p. 55).

Cèdre du Liban

Cedrus libani (pinacées)
H 20-35 m sept.

Ce cèdre impressionnant était considéré dans l'Antiquité comme le plus bel arbre, « l'arbre sacré des dieux ». Son bois était déjà exploité de manière intensive il y a 5 000 ans. Les Égyptiens, les Grecs et les Phéniciens l'utilisaient pour construire leurs temples fastueux, mais aussi leurs bateaux. Cette exploitation au cours des siècles a considérablement réduit la surface des forêts originelles.

Habitat *Originaire d'Asie Mineure et de l'ouest asiatique. En Europe, dans les parcs et les jardins, surtout à l'ouest. Les cônes mûrs perdent leurs écailles.*

> ***Déjà mentionné dans l'Ancien Testament.***
> ***Cônes un peu plus gros que ceux du cèdre de l'Atlas.***
> ***Bel arbre d'ornement dans les régions aux hivers doux.***

Pin parasol du Japon

Sciadopitys verticillata (Taxodiacées)
H 10-30 m mai

Cet arbre diffère de tous les autres conifères par ses aiguilles. Les scientifiques ne savent pas encore avec certitude s'il s'agit d'aiguilles fusionnées par paires ou d'une pousse modifiée. Au Japon, ces « pins parasols » sont fréquemment plantés à proximité des temples et dans les jardins. Les rameaux typiques sont représentés sur les porcelaines, les paravents et les laques. Les arbres exploités en forêt fournissent un bois blanc, élastique, utilisé pour la construction.

Habitat *Originaire du Japon. En Europe centrale, occasionnellement dans les parcs et les jardins. Se remarque par ses aiguilles évoquant les baleines d'un parapluie.*

> ***Reste généralement arbustif en Europe.***
> ***Les cônes mûrissent en 2 ans.***
> ***Exige un sol acide.***

Séquoia géant

Sequoiadendron giganteum (taxodiacées)

H 30-100 m   mai

***Habitat** Indigène dans la Sierra Nevada en Amérique du Nord. En Europe centrale, dans les parcs et les jardins, et occasionnellement dans les forêts. Écorce molle spongieuse.*

- ***Les jeunes arbres poussent très vite.***
- ***Les cônes mûrissent en 2 ans.***
- ***Peut vivre plus de 3 000 ans.***

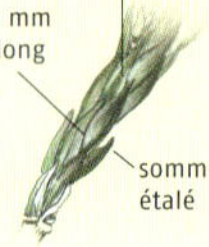

Ce géant de la forêt a toujours stimulé l'imagination des chercheurs. *Wellingtonia* rend ainsi hommage au héros anglais Sir Arthur Wellesley, duc de Wellington. *Sequoia washingtonia* fait, lui, référence au président George Washington, ainsi qu'à l'Indien Se-quo-Yah (1770-1843). Ce dernier créa le premier alphabet cherokee, faisant ainsi découvrir l'écriture à son peuple.

Le saviez-vous ?

Les graines sont très petites. Un kilo contient environ 200 000 graines, ce à quoi ne s'attendaient pas ceux qui, en 1864, dans le Wurtemberg, en commandèrent une demi-livre. C'est pourquoi on rencontre aujourd'hui dans cet État d'Allemagne beaucoup de vieux séquoias géants, à peu près tous du même âge.

Cèdre blanc

Calocedrus decurrens (cupressacées)

H 10-30 m avr.-mai

Autrefois, les Indiens utilisaient l'écorce du cèdre blanc pour construire leurs huttes. Les premiers colons blancs se servaient également des longues bandes d'écorce pour protéger leurs toitures. Comme le bois se taille facilement en pointe, sans se fendre, il est employé depuis quelques décennies à la fabrication de crayons.

Habitat *Originaire de l'ouest de l'Amérique du Nord. En Europe, dans les parcs. L'écorce brun cannelle s'écaille en plaques minces.*

> ***Également appelé « libocèdre ».***
> ***Le feuillage froissé dégage une odeur aromatique.***
> ***Peut vivre 1 000 ans.***

Cyprès de l'Arizona

Cupressus arizonica (cupressacées)

H 10-25 m févr.-avr.

Dans le sud de l'Europe, les cyprès de l'Arizona sont souvent plantés comme brise-vent ou pour lutter contre l'érosion. L'arbre se remarque de loin par sa teinte gris bleuté. Au moment de la floraison, au printemps, il prend un aspect jaunâtre car les rameaux se couvrent presque entièrement de petites fleurs jaunes. Certaines personnes sont allergiques au pollen.

Habitat *Indigène de l'Arizona à la Californie et au Mexique, jusqu'à plus de 2 000 m. En Europe, dans les parcs et les jardins. Cônes d'abord verts, puis gris.*

> ***Peu exigeant et assez rustique.***
> ***Le feuillage froissé dégage une odeur agréable.***
> ***Il existe une variété à pousses dorées.***

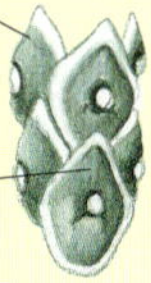

Cyprès d'Italie

Cupressus sempervirens (cupressacées)

H 20-30 m mars-mai

Habitat *Spontané dans les montagnes du bassin méditerranéen. Formes cylindriques souvent plantées. Les cônes mûrissent en 2 ans.*

- ***Le feuillage froissé dégage une très légère odeur de résine.***
- ***Moyennement rustique.***
- ***Peut vivre plus de 500 ans.***

Avec sa silhouette cylindrique, le cyprès d'Italie, ou cyprès de Provence, est la marque distinctive du bassin méditerranéen. La forme sauvage, avec des branches poussant plutôt à l'horizontale, est cultivée en plantation forestière. Autrefois, il existait de vastes forêts en Crète et à Chypre. De grande longévité, le bois fourni par les arbres est utilisé, entre autres, pour la fabrication de bateaux, de portes et de cercueils.

Le saviez-vous ?

Pour les Grecs, le cyprès symbolisait la tristesse. Les Chrétiens le considéraient plutôt comme un « arbre de vie ». Ces deux points de vue ont convergé pour faire du cyprès l'arbre caractéristique des cimetières du bassin méditerranéen.

Cyprès de Lawson

Chamaecyparis lawsoniana (cupressacées)
H 2-35 m avr.

Le bois possède des propriétés analogues à celui de l'espèce suivante. Il n'est donc pas étonnant que le Japon importe celui-ci d'Amérique du Nord. Des années 1920 jusqu'après la Seconde Guerre mondiale, il servait même à fabriquer des pièces détachées pour l'artillerie.

Habitat *Originaire d'Amérique du Nord. En Europe, variétés horticoles fréquentes dans les parcs, les jardins et les cimetières. Porte en début d'année de nombreuses fleurs mâles rouges.*

> ***Tolère l'ombre.***
> ***Les fruits mûrissent en 1 an.***
> ***Le feuillage froissé dégage une odeur de persil.***

Cyprès de Hinoki

Chamaecyparis obtusa (cupressacées)
H 0,5-15 m avr.-mai

Au Japon, cette espèce est cultivée pour son bois noble. Les arbres peuvent atteindre là-bas plus de 1 m diamètre pour une hauteur de 35 m. Le bois dur et finement veiné dégage une légère odeur de citron et résiste bien à l'humidité. Comme son prix est élevé, il est utilisé uniquement pour la fabrication de pièces de construction, de temples et de coffres.

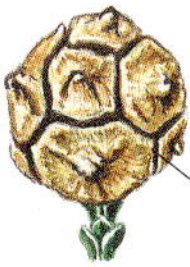

Habitat *Indigène au Japon. En Europe, variétés naines dans les parcs et les jardins. Ramilles caractéristiques en forme d'éventail.*

> ***Apprécié pour la culture en bonsaï.***
> ***Nombreuses variétés horticoles.***
> ***Il existe des formes à feuillage doré.***

Cyprès de Nootka

Chamaecyparis nootkatensis (cupressacées)

H 3-30 m avr.-mai

Habitat *Spontané dans le nord-ouest de l'Amérique du Nord, jusqu'au sud de l'Alaska. En Europe, dans les parcs et les jardins. Ramilles pendantes, souvent couvertes de nombreux cônes.*

> ***Le feuillage froissé dégage une odeur de térébenthine.***
> ***Très rustique.***
> ***Il existe de nombreuses variétés horticoles.***

Dans sa région d'origine, cet arbre pousse assez lentement et fournit un bois solide et homogène, peu sensible à l'humidité. Parfois appelé « cèdre jaune », d'après son nom anglais *yellow cedar*, il est employé dans la fabrication de mobilier et de bateaux, et comme matériau de bardage et de placage. Les arbres poussant dans des zones difficiles d'accès sont parfois transportés par hélicoptère.

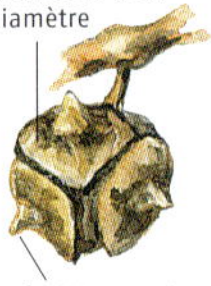

Le saviez-vous ?

Chez la variété 'Pendula', largement répandue dans les jardins, les ramilles pendent en rideaux sous les branches recourbées. L'arbre est cependant moins fourni que l'espèce.

Cyprès de Sawara

Chamaecyparis pisifera (cupressacées)
H 0,5-20 m   avr.-mai

Comme les autres *Chamaecyparis*, cette espèce a donné naissance à de nombreuses variétés ornementales pour le jardin. Certaines n'ont plus grand-chose à voir avec un arbre et beaucoup ne produisent plus de cônes. Au Japon, le cyprès de Sawara fait partie de ces espèces qui se prêtent particulièrement bien à la culture en bonsaï.

__Habitat__ Originaire du Japon. En Europe, dans les parcs, les jardins et les cimetières. Les cônes persistent sur l'arbre pendant l'hiver.

> ***Peut vivre 400 ans.***
> ***Nombreuses variétés horticoles.***
> ***Certaines variétés produisent des ramilles plumeuses.***

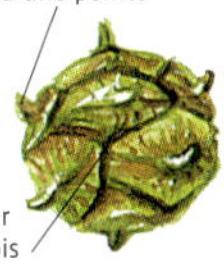

Hiba

Thujopsis dolabrata (cupressacées)
H 5-10 m   mai

Le hiba ressemble beaucoup au thuya. Un simple coup d'œil sur la face inférieure de ses feuilles suffit cependant à l'identifier avec certitude : la raie blanche qui les marque ne prête à aucune confusion. Par distillation des copeaux de bois, on obtient une huile essentielle odorante qui a une action antifongique et peut servir à imprégner les planches. On l'utilise aussi en extrait pour parfumer les savons.

__Habitat__ Originaire des montagnes du Japon. En Europe, dans les parcs et les grands jardins. Le revers des rameaux semble avoir été passé à la chaux.

> ***Pousse très lentement et reste souvent arbustif.***
> ***Exige un sol humide.***
> ***Les branches couchées peuvent s'enraciner.***

Thuya du Canada

Thuja occidentalis (cupressacées)

Habitat *Indigène dans l'est de l'Amérique du Nord. En Europe, dans les parcs, les jardins et les squares. Cônes insérés sur la face supérieure des ramilles.*

- ***Le feuillage froissé dégage une odeur de pomme.***
- ***Toxique pour les reins par ingestion.***
- ***Nombreuses variétés horticoles.***

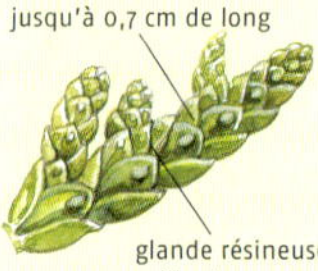

H 5-20 m   avr.-mai

Le thuya du Canada a été introduit en Europe vers 1536. Il serait l'un des premiers arbres du Nouveau Monde à être arrivé dans nos contrées et fait maintenant partie des familiers de nos jardins. On extrait de son feuillage une substance utilisée dans le traitement des maladies de peau et des verrues. Elle était également utilisée autrefois, à forte dose, pour provoquer des avortements – un usage qui pouvait avoir des conséquences mortelles.

Le saviez-vous ?

Les variétés à port cylindrique étroit ne servent pas uniquement à l'ornement des jardins. En Europe centrale, on les trouve aussi dans les cimetières où elles jouent un rôle identique à celui du cyprès d'Italie (p. 50), symbolisant l'immortalité.

Thuya géant

Thuja plicata (cupressacées)

H 15-30 m   mai

Le bois du thuya géant, qui compte parmi les plus légers de tous les bois de conifères, convient particulièrement au bardage des toits. Comme il contient également une substance qui empêche les attaques d'insectes et la pourriture, on l'utilise pour la fabrication de piquets, de mâts, de cabanes en rondins, de planchers extérieurs, ou encore de saunas.

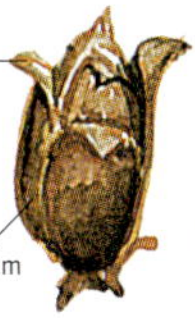

Habitat *Originaire de l'ouest de l'Amérique du Nord. En Europe, dans les parcs et occasionnellement en forêt. Le dessus et le dessous des rameaux sont nettement différents.*

> ***Le feuillage froissé dégage une odeur d'ananas.***
> ***Toxique !***
> ***Peut vivre jusqu'à 1 000 ans.***

Thuya de Chine

Thuja orientalis (cupressacées)

H 5-10 m   avr.-mai

Tout comme le thuya du Canada, le thuya de Chine réagit bien à la taille et convient particulièrement pour la constitution de haies. Les thuyas contiennent cependant des substances toxiques qui peuvent irriter la peau par simple contact. En cas d'ingestion, elles peuvent provoquer des crampes, endommager le foie et les reins et même conduire au décès.

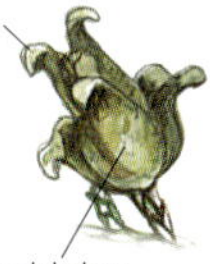

Habitat *Indigène dans l'est de l'Asie, où il est cultivé depuis longtemps. En Europe, dans les parcs, les jardins et les cimetières. Les jeunes cônes sont bleu-vert.*

> ***Le feuillage froissé dégage une faible odeur de résine.***
> ***Toxique !***
> ***Se teinte souvent de brun en hiver.***

Genévrier de Virginie

Juniperus virginiana (cupressacées)

H 2-18 m   mars-mai

Habitat *Indigène en Amérique du Nord. En Europe, variétés horticoles dans les parcs et les jardins. Les cônes bleus pruineux mûrissent en 1 an.*

- ***Fortement aromatique.***
- ***Le plus grand des genévriers – tronc jusqu'à 30 m dans son aire d'origine.***
- ***Nombreuses variétés horticoles.***

Également connu sous les noms de « genévrier aux crayons » et « cèdre rouge oriental », cet arbre fournit un bois utilisé depuis fort longtemps pour la fabrication de crayons. Grâce à sa structure homogène, il se travaille facilement. Ses qualités retinrent l'attention de l'industrie forestière en Europe, mais les plantations n'apportèrent pas le succès escompté, car les arbres poussaient trop lentement sous nos climats. Il existe cependant diverses variétés horticoles prisées pour l'ornement des jardins.

Le saviez-vous ?

La partie centrale du tronc fraîchement scié possède une teinte caractéristique rouge violacé. Des petits morceaux de bois déposés dans les armoires éloignent les mites par leur odeur aromatique.

Arbre aux quarante écus

Ginkgo biloba (ginkgoacées)

H 10-40 m avr.

Les ancêtres des ginkgos, qui ressemblaient beaucoup à l'espèce actuelle, peuplaient déjà les forêts du Jurassique. Unique survivant de ce groupe, l'arbre aux quarante écus est considéré comme un « fossile vivant ». Il est si robuste qu'il s'accommode sans problème de l'air pollué des villes. Un ginkgo a même survécu à la bombe atomique d'Hiroshima. Depuis, les Japonais voient dans cet arbre le symbole de l'espérance.

Habitat *Spontané dans la province chinoise de Zhejiang. En Europe, dans les parcs et en arbre d'alignement. Les feuilles, caractéristiques, ne prêtent pas à confusion.*

> ***Apparenté aux conifères malgré son apparence de feuillu.***
> ***Il existe des arbres mâles et femelles.***
> ***Rustique.***

fleurs femelles par 2 ou 3, insignifiantes

fleurs mâles réunies en chatons

feuille à limbe aplati, coriace, de 5-8 cm de large

nervures ramifiées

extrémité souvent échancrée

silhouette très variable, souvent largement conique

branches généralement peu nombreuses mais vigoureuses

feuilles jaunissant en automne

fruits semblables à des prunes de 2-3 cm de diamètre

Le saviez-vous ?

En chinois, gin-kyo *signifie « abricot d'argent », ce qui se réfère à l'aspect des fruits. La partie charnue du fruit dégage une odeur très désagréable. Le cœur contient une graine qui est consommée grillée comme une pistache en Chine et au Japon.*

Filao

Casuarina equisetifolia (casuarinacées)

H 10-20 m   janv.-mars

Habitat *Indigène dans le sud-est de l'Asie, en Australie et Polynésie. Fréquemment planté dans le sud de l'Europe. Rameaux très fins ressemblant à des aiguilles.*

> ***Tolère les embruns.***
> ***Arrive à pousser dans le sable.***
> ***Utilisé comme arbre de Noël sous les tropiques.***

Les rameaux du filao ressemblent à des tiges de prêle, bien qu'il n'existe aucune parenté entre les deux plantes. L'arbre est utilisé pour fixer les dunes, comme brise-vent et comme arbre d'ornement et d'alignement dans les zones sèches des régions non gélives. Le bois dur, brun-rouge, fournit des bardeaux résistants.

Bruyère arborescente

Erica arborea (éricacées)

H 1-15 m   mars-mai

Habitat *Indigène dans le bassin méditerranéen, les îles Canaries et les montagnes d'Afrique centrale. Fleurit généralement abondamment.*

> ***Les fleurs attirent les abeilles.***
> ***Les feuilles en aiguilles sont adaptées à la sécheresse.***
> ***Peut former de grands arbres, en particulier aux Canaries.***

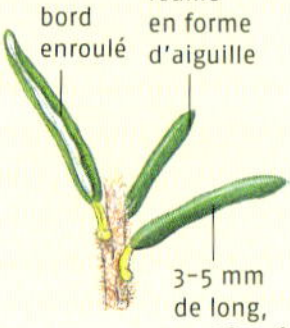

La bruyère arborescente produit une grosse racine au bois brun-rouge finement veiné. Comme ce bois brûle très mal, on l'utilise essentiellement pour la fabrication des pipes de bruyère. Il fournit aussi un très beau bois de placage.

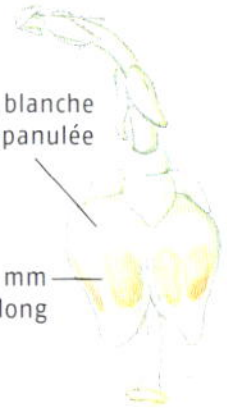

Tamaris de printemps

Tamarix parviflora (tamaricacées)
H 3-4 m avr.-mai

Dans l'Antiquité, les tamaris symbolisaient la jeunesse et la beauté. D'après la légende grecque, Myriki, la sœur du bel Adonis, aurait été transformée en tamaris. C'est pour cette raison qu'en Grèce, le tamaris se nomme *armiriki*. Il est fréquemment utilisé là-bas pour former des haies faciles à entretenir.

Habitat *Originaire de l'est du bassin méditerranéen. Aujourd'hui cultivé dans le sud et le centre de l'Europe. Les fleurs s'ouvrent avant les feuilles.*

> ***Supporte les sols salés.***
> ***Espèce pionnière sur les rivages et les dunes.***
> ***Arbre d'ornement apprécié dans les rues, les parcs et les jardins.***

Tamaris d'été

Tamarix ramosissima (tamaricacées)
H 3-5 m juill.-sept.

Les tamaris font partie des plantes qui arrivent à pousser dans les déserts salés. Ils parviennent à éliminer le sel qu'ils absorbent avec l'eau du sol grâce aux glandes spéciales que possèdent leurs feuilles. Ils sont de ce fait très utilisés dans les zones côtières soumises aux embruns, pour fixer les sols ou comme arbre d'ornement.

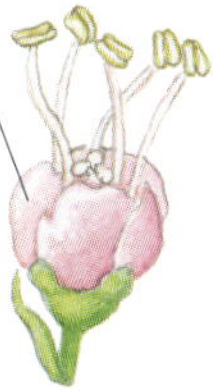

Habitat *Indigène sur les rivages de la mer Caspienne. Planté dans le sud et le centre de l'Europe. Inflorescences à l'aspect plumeux.*

> ***Aime le soleil et la chaleur.***
> ***Supporte la taille sévère.***
> ***Jaune pâle en automne.***

Hêtre commun

Fagus sylvatica (fagacées)

H 25-30 m avr.-mai

Habitat *Spontané presque partout en Europe. Fréquemment planté dans les parcs et les exploitations forestières. Les fruits fermés se distinguent par leurs épines.*

- ***Essence forestière importante.***
- ***Sensible à l'humidité stagnante.***
- ***S'accommode des situations ombragées.***

Sans l'intervention de l'homme dans la nature, le hêtre commun serait l'espèce d'arbre la plus fréquente en Europe centrale. Les hommes préhistoriques ramassaient déjà les faînes. En période de famine, elles jouaient un rôle alimentaire en fournissant huile et farine, et ce jusqu'au XXe siècle. Les graines peuvent cependant provoquer diarrhées et vomissements chez certaines personnes sensibles. Pour favoriser l'engraissement de leurs porcs, les paysans de jadis les emmenaient en forêt à la recherche de faînes.

écorce grise assez lisse

Le saviez-vous ?

Un proverbe dit : « En cas d'orage, fuit le chêne et cherche le hêtre. » La foudre tombe généralement sur les points hauts. Les hêtres poussant rarement isolés, contrairement aux chênes, ils sont plus rarement foudroyés. Ceci dit, en cas d'orage, il ne faut jamais se réfugier sous de grands arbres.

Hêtre pourpre

Fagus sylvatica 'Purpurea' (fagacées)

H 25-30 m avr.-mai

Le hêtre pourpre est une variété du hêtre commun dont il diffère uniquement par la couleur. Le bois de hêtre, dur et homogène, offre des utilisations très variées. Il sert à la fabrication de pâte à papier, de mobilier, de palettes et autres objets. Utilisé en menuiserie et en ébénisterie, c'estaussi un excellent bois de chauffage.

***Habitat** Variété ornementale plantée uniquement dans les parcs et les jardins. Se reconnaît facilement à la teinte de son feuillage.*

> ***Un pigment rouge recouvre la chlorophylle.***

> ***Apparaît très sombre.***

> ***Il existe aussi une forme pleureuse très appréciée.***

Chêne vert

Quercus ilex (fagacées)

H 5-25 m avr.-mai

Très riche en tanins, l'écorce du chêne vert est utilisée pour le tannage du cuir. Le bois fournit un charbon de très bonne qualité. En Espagne et en Afrique du Nord, on cultive une variété de chêne vert pour ses glands comestibles, à saveur sucrée, consommés crus ou grillés.

***Habitat** Spontané dans les bois et garrigues du bassin méditerranéen. Planté dans les parcs des régions au climat doux. Feuilles vert foncé coriaces.*

> ***Feuillage persistant.***

> ***Pas rustique dans les régions aux hivers rigoureux.***

> ***Forme des feuilles très variable.***

Saule des vanniers

Salix viminalis (salicacées)

H 2-10 m mars-avr.

***Habitat** Spontané de l'Europe à la Sibérie dans les prairies et le long des ruisseaux. Souvent planté pour la vannerie. Les tiges sont très flexibles.*

- ***Les arbres rabattus sont appelés « saules têtards ».***
- ***Peut rester temporairement dans l'eau.***
- ***Également appelé « osier blanc ».***

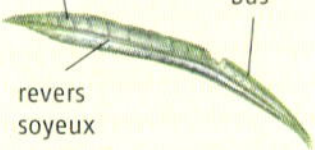

Sévèrement rabattu, le saule des vanniers produit une profusion de longues tiges non ramifiées – la matière première traditionnelle pour la vannerie. Selon le degré de finition souhaité, le vannier emploie les tiges brutes ou enlève l'écorce pour mettre au jour le bois clair. Il plonge les tiges dans l'eau pour qu'elles ramollissent et soient plus faciles à courber. En séchant, l'objet en vannerie retrouve sa solidité.

Le saviez-vous ?

Il existe d'autres espèces fournissant des tiges à tresser – avec des écorces diversement colorées. Le vannier obtient aussi des nuances de couleur par chauffage ou teinture.

Oranger des Osages

Maclura pomifera (moracées)

H 10-15 m   mai-juin

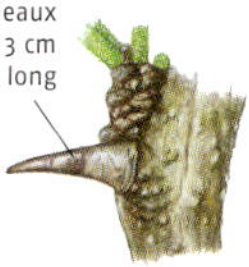

Cet arbre tire son nom vernaculaire d'une tribu indienne de l'Oklahoma, les osages, qui utilisaient son bois dur pour fabriquer leurs arcs – d'où son autre nom « bois d'arc ». Les fruits ne sont pas comestibles et n'intéressent pas non plus les animaux. Les scientifiques supposent qu'ils étaient autrefois consommés par de gros mammifères aujourd'hui disparus, tels que mammouths et mastodontes.

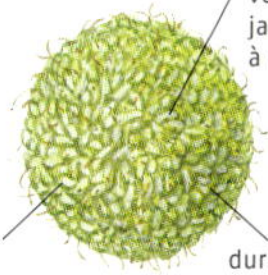

Habitat *Originaire d'Amérique du Nord. Planté dans les parcs du sud et du centre de l'Europe. Le fruit ressemble à une orange pas mûre.*

> ***Les feuilles libèrent une sève laiteuse à la cassure.***
> ***Il existe des arbres mâles et femelles.***
> ***Planté en haie dans le sud de l'Europe.***

Arbre de fer

Parrotia persica (hamamélidacées)

H 5-10 m   mars

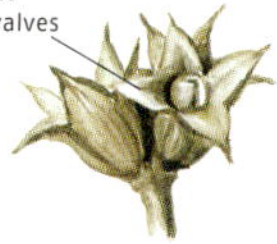

Dans son aire naturelle, l'arbre de fer peut former des forêts dont l'aspect fait penser aux hêtraies. Utilisé depuis des siècles, son bois est très dur et plus dense que l'eau – d'où son nom vernaculaire. Son nom scientifique honore le médecin et botaniste allemand, F. W. Parrot, qui fut en 1829 le premier Européen à escalader le mont Ararat, situé dans la région d'origine de l'arbre de fer.

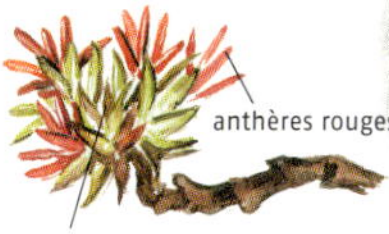

Habitat *Originaire du nord de l'Iran et du Caucase. En Europe, dans les parcs et les jardins. Les feuilles se teintent de rouge et jaune en automne.*

> ***Les feuilles ressemblent à celles du hêtre commun (p. 60).***
> ***L'écorce s'écaille en grandes plaques.***
> ***Fleurit avant la feuillaison.***

Magnolia à grandes fleurs

Magnolia grandiflora (magnoliacées)

H 5-30 m mai-août

Habitat *Indigène dans le sud de l'Amérique du Nord. En Europe, fréquemment planté dans les régions au climat doux. Fleurs jusqu'à 20 cm de large.*

> ***Également appelé « laurier-tulipier ».***
> ***Craint les hivers rigoureux.***
> ***Les feuilles rappellent celles d'un caoutchouc.***

Les magnolias existaient déjà il y a 150 millions d'années. Ils font partie des premières plantes à graines. Parmi toutes les espèces, le magnolia à grandes fleurs est considéré comme l'un des plus vieux représentants à cause de ses feuilles persistantes.

Magnolia de Kobé

Magnolia kobus (magnoliacées)

H 8-10 m avr.-mai

Habitat *Originaire du Japon. En Europe, dans les parcs et les jardins des régions au climat doux. Les nombreuses fleurs blanches apparaissent avant les feuilles.*

> ***Floraison odorante.***
> ***Exige un sol humide.***
> ***Particulièrement décoratif en arbre isolé.***

Il faut attendre quelques années après la plantation pour voir le magnolia de Kobé fleurir régulièrement, mais cela vaut la peine de patienter. Les magnolias tirent leur nom du médecin et botaniste français Pierre Magnol (1638-1715) qui a introduit en botanique le système de classement des plantes par famille.

Magnolia de Soulange-Bodin

Magnolia x *soulangiana* (magnoliacées)

H 3-6 m avr.-mai

Ce magnolia a été obtenu vers 1820, près de Paris, dans la propriété d'Étienne Soulange-Bodin, un passionné d'horticulture. Il résulte d'un croisement accidentel entre deux espèces originaires de Chine. Il existe de nos jours de nombreuses variétés horticoles. Les arbres produisent parfois quelques nouvelles fleurs en été.

Habitat *Hybride horticole, fréquemment planté dans les parcs et les jardins des régions au climat doux. Les fleurs apparaissent avant les feuilles.*

- **> *Magnifique arbre d'ornement.***
- **> *Attire les insectes pollinisateurs.***
- **> *Exige une situation abritée.***

Le saviez-vous ?

Tant que les bourgeons sont enfermés dans leurs écailles poilues, ils ne craignent pas le gel. Mais s'ils subissent une gelée plus tard, ils ne donneront aucune fleur.

Avocatier

Persea americana (lauracées)

H 5–15 m   mars-avr.

***Habitat** Originaire du Mexique, d'Amérique centrale et de Colombie. Cultivé dans le bassin méditerranéen. Relativement peu de fruits malgré une floraison abondante.*

> ***Nombreuses variétés cultivées dans les régions chaudes.***
> ***Le fruit ne mûrit qu'une fois cueilli.***
> ***Il ne se forme qu'un fruit pour 5 000 fleurs.***

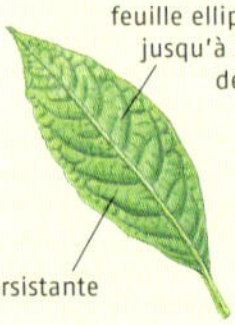

Ses fruits nourrissants figuraient déjà au menu des ancêtres des Américains. En Colombie, les archéologues ont découvert des restes d'avocat dans des sites habités il y a 10 000 ans environ. La chair onctueuse, facile à digérer, contient selon les variétés entre 4 et 30 % de lipides, ainsi que des minéraux, des vitamines, des protéines et quelques glucides.

Laurier-sauce

Laurus nobilis (lauracées)

H 2–20 m   mars-avr.

***Habitat** Spontané dans les forêts humides du bassin méditerranéen. Craint les fortes gelées. Fleurs groupées en glomérules entre les feuilles.*

> ***Feuilles et fruits aromatiques.***
> ***Peut provoquer des allergies.***
> ***Souvent cultivé en pot comme plante d'ornement.***

La couronne de laurier était déjà l'emblème du triomphe sous Jules César. En Grèce, les vainqueurs d'épreuves sportives étaient également récompensés par cette décoration. Plus tard, on honora les étudiants qui avaient obtenu leur *Baccalaureus* – l'ancêtre du baccalauréat – avec une couronne de laurier garnie de baies.

Camphrier

Cinnamomum camphora (lauracées)

H 5-40 m mars-juill.

Les plantations de camphrier se situent surtout au Japon et à Taïwan. Toutes les parties de l'arbre contiennent du camphre, mais en proportion très différentes. Pour obtenir un rendement valable, l'arbre doit être âgé de 50-60 ans. Le camphre est utilisé en médecine, mais il est toxique à forte dose. Les onguents camphrés sont contre-indiqués pour les nourrissons et doivent être utilisés avec prudence chez les jeunes enfants.

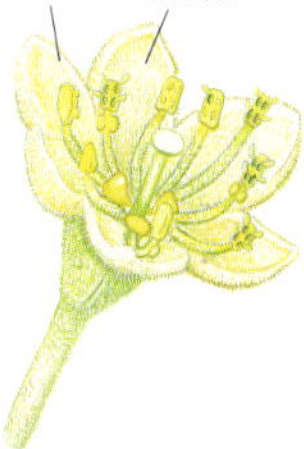

Habitat *Indigène dans l'est de l'Asie. En région méditerranéenne, dans les parcs et en alignement. Se reconnaît à la disposition typique des nervures.*

> ***La feuille froissée dégage une odeur typique de camphre.***
> ***Persistant.***
> ***Jeunes feuilles teintées de rose.***

Le saviez-vous ?

À l'état naturel, le camphre se présente sous la forme de poudre cristalline ou de cristaux friables incolores à blancs. Il est employé contre les mites. Il soulage la toux due aux refroidissements et les douleurs rhumatismales.

Cognassier

Cydonia oblonga (rosacées)

H 4-6 m   mai-juin

Habitat *Indigène dans l'ouest de l'Asie ; introduit dans le sud de l'Europe il y a plus de 2 500 ans, plus tard en Europe centrale. Les fruits sont parfois piriformes.*

> ***Exige une chaleur suffisante.***
> ***Maturité des fruits en octobre ou novembre.***
> ***Plusieurs variétés cultivées.***

Dans l'Antiquité, le coing était consacré à Vénus. La « pomme d'or » était considérée comme le symbole de l'amour et de la fécondité. En Grèce, une loi imposait aux fiancés de manger un coing avant la noce. Les coings mûrs dégagent une odeur intense et fruitée. Durs et âpres quand ils sont crus, ils donnent une fois cuits une gelée ou une pâte de fruits très parfumée.

Le saviez-vous ?

Dans la mythologie grecque, l'un des douze travaux d'Hercule consistait à rapporter les pommes d'or des Hespérides. Il réussit par la ruse et revint avec des coings. La « pomme de Vénus » était aussi en réalité un coing.

Poirier à feuilles de saule

Pyrus salicifolia (rosacées)

H 5–9 m avr.

Au jardin, le poirier à feuilles de saule remplace avantageusement d'autres arbres à feuillage argenté, tels que l'olivier de Bohême (p. 72) ou le saule blanc (p. 82). Il pousse lentement et ne prend pas beaucoup de place. Il fleurit abondamment au printemps, mais ses fruits ne sont pas comestibles pour l'homme.

Habitat *Originaire d'Asie Mineure. En Europe, dans les jardins. Fleurs blanches réunies en bouquets.*

- ***Le feuillage est argenté.***
- ***Ressemble par son feuillage au saule blanc (p. 82).***
- ***Les fruits restent durs.***

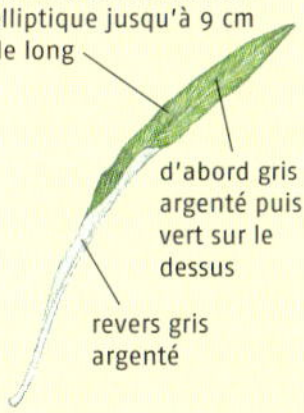

Laurier-cerise

Prunus laurocerasus (rosacées)

H 1–6 m mai

Ses feuilles persistantes rappellent celles du laurier-sauce (p. 66) et son fruit ressemble à une cerise. En fait, l'espèce est proche du cerisier. Contrairement à celui-ci, le laurier-cerise est entièrement toxique, car il contient de l'acide cyanhydrique. Ses feuilles dégagent une odeur d'amande amère caractéristique quand on les froisse.

Habitat *Spontané dans les Balkans et en Asie Mineure. Planté en haie ou pour l'ornement dans le sud et le centre de l'Europe. Porte souvent des fruits à divers stades de maturité.*

- ***Pousse plus souvent en arbuste dans les jardins.***
- ***Refleurit parfois en automne.***
- ***Également appelé « laurier-amande ».***

Arbre de Judée

Cercis siliquastrum (fabacées)

H 3-10 m mai

Habitat *Originaire de l'est du bassin méditerranéen, planté pour l'ornement en Europe. Fleurs en bouquets insérés sur les branches et le tronc.*

> ***Rustique mais préfère les climats doux.***
> ***Un des arbres d'ornement les plus prisés dans le sud de l'Europe.***
> ***Les gousses persistent sur l'arbre en hiver.***

Cet arbre ornait déjà les jardins de Judée à l'époque biblique. Selon la légende, Judas s'y serait pendu. On dit aussi que ses fleurs étaient blanches à l'origine et qu'elles se seraient teintées après la crucifixion du Christ. Ses fleurs peuvent être ajoutées aux salades. Ses fruits ne sont pas comestibles.

Bourdaine

Frangula alnus (rhamnacées)

H 1,5-5 m mai-juill.

Habitat *Spontané dans presque toute l'Europe, dans les forêts alluviales, marais, bois clairs. Planté pour consolider les berges. Fructification généralement abondante.*

> ***Feuilles alternes.***
> ***Exige un sol frais à humide.***
> ***L'écorce a une odeur désagréable.***

L'action purgative de l'écorce de bourdaine est efficace et connue depuis longtemps. Il faut cependant l'utiliser à faible dose et sur une durée limitée, car elle peut avoir des effets secondaires. Le charbon de bois obtenu à partir des rameaux servait autrefois à préparer de la poudre à canon, d'où le nom de « bois à poudre » qui désigne parfois cet arbre.

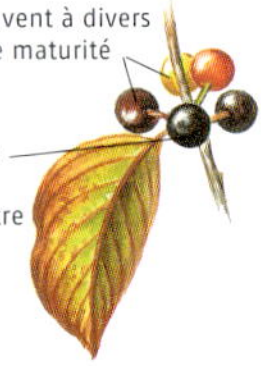

Gommier bleu

Eucalyptus globulus (myrtacées)

H 10-45 m déc.-mai

L'arbre puise dans le sol de grandes quantités d'eau qu'il évapore par ses feuilles. C'est ainsi qu'il est employé pour assécher certaines zones marécageuses, permettant de lutter contre le paludisme dans diverses régions tropicales. La diminution des flaques d'eau abritant les larves de moustique entraîne la raréfaction de la « fièvre des marais ».
L'huile essentielle extraite des feuilles combat efficacement la toux.

__Habitat__ Indigène en Australie. Souvent planté dans le bassin méditerranéen, parfois en alignement. Fleurs à nombreuses étamines.

> ***La feuille froissée sent la pastille contre la toux.***
> ***Très vigoureux.***
> ***Persistant.***

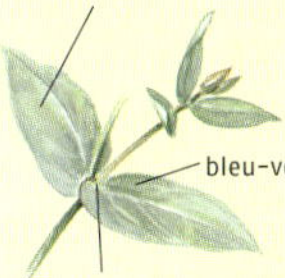

Le saviez-vous ?

Les bois d'eucalyptus sont clairs, mais abritent peu de vie. Une substance produite par les arbres inhibe la croissance de nombreuses plantes, rendant difficile la colonisation du milieu par les animaux.

Olivier de Bohême

Elaeagnus angustifolia (éléagnacées)

H 6-8 m   juin

Les oliviers de Bohême sont souvent plantés pour l'ornement ou en haies brise-vent. De l'est du bassin méditerranéen à l'Asie centrale, il existe aussi une variété dont les gros fruits sont disponibles sur le marché. Ils ont un goût sucré et se prêtent à la confection de compotes, gelées et liqueur. Les graines fournissent une huile.

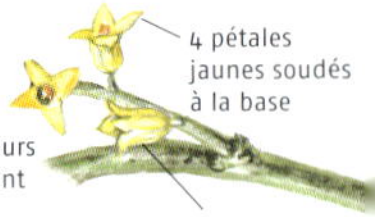

***Habitat** Indigène dans l'ouest et le centre de l'Asie. Naturalisé dans le bassin méditerranéen. En Europe centrale, dans les parcs. Fructification abondante, mais peu visible.*

> ***Rameaux souvent épineux.***
> ***Ressemble un peu à un saule blanc (p. 82).***
> ***Les fruits ont besoin de chaleur pour mûrir.***

Lilas des Indes

Lagerstroemia indica (lythracées)

H 2-8 m   juill.-sept.

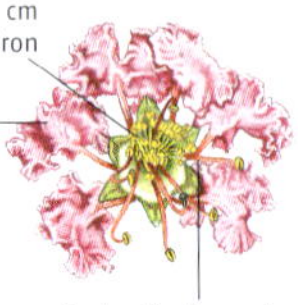

***Habitat** Indigène en Asie. En Europe, en pleine terre dans le Sud et l'Ouest, en pot ailleurs. Fleurit abondamment à l'extrémité des rameaux.*

> ***Les pétales ressemblent à du papier crépon.***
> ***Floraison rose, violette, rouge ou blanche.***
> ***Très bel arbre d'ornement.***

Le lilas des Indes, ou lilas d'été, a besoin de beaucoup de chaleur pour bien fleurir. En Europe centrale, il est recommandé de le cultiver dans un pot placé devant une façade ensoleillée. Dans le Midi et sur la côte atlantique, il pousse très bien sans mesure particulière. Il est parfois utilisé comme arbre d'alignement.

Grenadier

Punica granatum (punicacées)
H 2-7 m mai-sept.

Dans l'Antiquité, la grenade, avec ses nombreuses graines, était le symbole de la fertilité. Mais elle représentait aussi l'espoir de la renaissance – un symbole repris par les églises chrétiennes qui la représentaient sur les images et les habits. La pulpe juteuse qui entoure ses graines donne un jus qui entre dans la fabrication du sirop de grenadine. La peau de son fruit fournit un colorant brun-rouge utilisé pour teindre les tapis.

Habitat *Originaire d'Asie centrale. Dans le bassin méditerranéen, en plantations commerciales et dans les jardins. Fleurs vivement colorées.*

> **Cultivé depuis très longtemps.**
> **La pulpe rouge autour des graines est acidulée.**
> **Il existe une variété naine à petites feuilles et fleurs.**

Le saviez-vous ?

Le mot grenade vient du latin grana, *« grains ». Les grenades à main explosent en projetant une multitude de petits fragments. Les premiers projectiles, fabriqués au Moyen Âge, ressemblaient aux fruits du grenadier.*

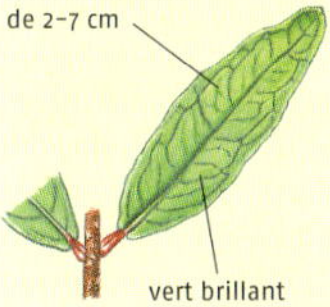

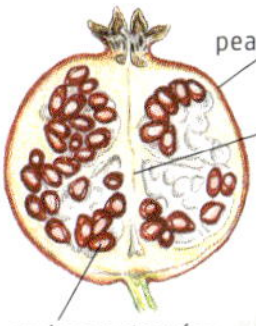

Cornouiller des pagodes

Cornus controversa (cornacées)

H 8-10 m   mai-juin

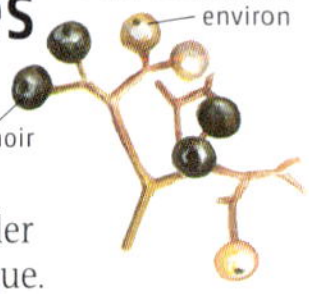

Habitat *Indigène de l'est de l'Himalaya à la Corée et au Japon. En Europe, dans les parcs et sur les places. Belles teintes d'automne jaunes à rouges.*

> ***Feuilles alternes contrairement aux autres espèces de cornouiller.***
> ***Attrayant en sujet isolé.***
> ***Les fruits attirent les oiseaux.***

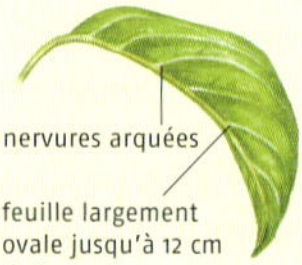

La disposition étagée des branches de ce cornouiller évoque les pagodes, lieux de prière de l'Est asiatique. Outre l'espèce à feuilles vertes unies, il existe aussi une variété à feuillage panaché de blanc, très utilisée comme arbre d'ornement dans les parcs en France et en Italie. En automne, ses fruits sont mangés par les oiseaux qui rejettent ensuite les graines non digérées.

Cornouiller du Japon

Cornus kousa (cornacées)

H 4-6 m   mai-juin

Habitat *Originaire du Japon et de Corée. En Europe, dans les parcs et les jardins. Branches disposées en étages avec des feuilles et fleurs pendantes.*

> ***Vire au rouge écarlate en automne.***
> ***Préfère les sols acides.***
> ***Espèce très décorative.***

La « fleur » du cornouiller du Japon est constituée de 4 bractées blanches entourant les vraies fleurs, minuscules. Durant le développement des fleurs, ces bractées virent lentement du vert au blanc. Le cornouiller à fleurs (*Cornus florida*), d'apparence similaire, est originaire d'Amérique du Nord. Ses fleurs sont parfois roses.

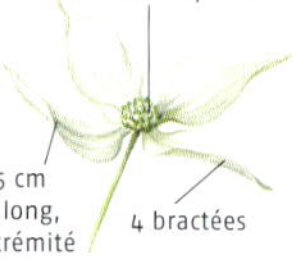

Cornouiller mâle

Cornus mas (cornacées)
H 3-8 m   mars-avr.

Le bois du cornouiller est très dur et résistant. Dans l'Antiquité, on l'employait pour fabriquer des hampes de lance. La légende dit que la pique utilisée par Romulus pour marquer la frontière de la Rome lors de sa fondation était en cornouiller. Ce bois sert aussi à la confection de rayons de roue, d'outils et de chevilles. Les noyaux des fruits torréfiés donnent un ersatz de café.

Habitat *Dans le centre et le sud de l'Europe, dans les bois et fourrés clairs, sur les talus. Fleurit bien avant le déploiement des feuilles.*

> ***Feuilles opposées.***
> ***Belle espèce à floraison précoce.***
> ***Utile pour les abeilles et les oiseaux.***

Le saviez-vous ?

Les fruits, appelés « cornouilles », sont particulièrement recherchés par les amateurs de fruits sauvages. La confiture faite avec les fruits bien mûrs a un délicieux parfum de fraise des bois et de cynorrhodon.

Kaki

Diospyros kaki (ébénacées)
H 5-15 m juin

Habitat *Indigène au Japon, en Corée du Sud et en Chine. Cultivé dans le bassin méditerranéen. Les fruits non mûrs sont cachés sous les feuilles.*

> ***Sensible au gel.***
> ***Les fruits sont meilleurs très mûrs.***
> ***Il existe plusieurs centaines de variétés.***

La teneur de ses fruits en vitamine A est si grande que la consommation d'un ou deux fruits par jour suffit à couvrir les besoins d'un adulte. Certaines variétés ont un goût sucré, rappelant celui de l'abricot, d'autres une saveur astringente qui laisse dans la bouche une sensation râpeuse. Les fruits se consomment généralement crus, mais on peut aussi les utiliser pour faire des compotes, des confitures ou des gâteaux.

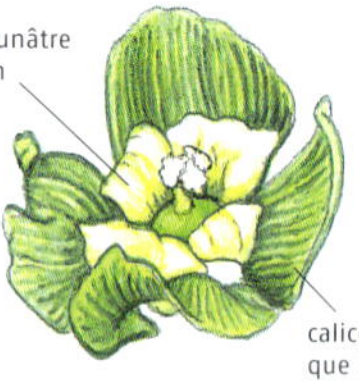

Le saviez-vous ?

Chez la plupart des variétés, les fruits se développent sans pollinisation et ne contiennent donc pas de graines. L'aspect du fruit ne permet toutefois pas de savoir s'il est astringent ou non.

Plaqueminier d'Italie

Diospyros lotus (ébénacées)

H 5-12 m juin

Les fruits du plaqueminier d'Italie, également appelé « plaqueminier faux lotier », sont très prisés, particulièrement dans l'Est asiatique. Les Chinois et les Japonais les mangent crus ou séchés et en font du sirop. Tels quels, ils sont fortement astringents, mais après quelques minutes dans l'eau bouillante, ils s'adoucissent et prennent un goût sucré.

__Habitat__ Indigène du sud-ouest de l'Asie au Japon. Planté et naturalisé, dans le bassin méditerranéen. Fructification très abondante.

> ***Également appelé « plaqueminier d'Europe ».***
> ***Rustique dans les régions chaudes d'Europe centrale.***
> ***Les fruits se conservent mal.***

Paulownia

Paulownia tomentosa (scrofulariacées)

H 10-15 m avr.-mai

Les feuilles et les fleurs du paulownia figurent sur les armoiries de la famille impériale du Japon. L'attrait de cet arbre, également appelé « arbre impérial », ne réside pas seulement dans sa floraison. Autrefois, on l'utilisait souvent comme une plante à feuillage décoratif, en rabattant régulièrement ses tiges au ras du sol. L'arbre émet alors des pousses qui peuvent atteindre 4 m de haut, avec des feuilles gigantesques, mesurant jusqu'à 50 cm de large.

__Habitat__ Indigène en Chine. Dans le sud et le centre de l'Europe, dans les parcs. Se distingue au printemps par la couleur des fleurs, peu courante pour un arbre.

> ***Jeunes arbres et boutons floraux sensibles aux fortes gelées.***
> ***Supporte l'air pollué.***
> ***Les fruits persistent souvent sur l'arbre en hiver.***

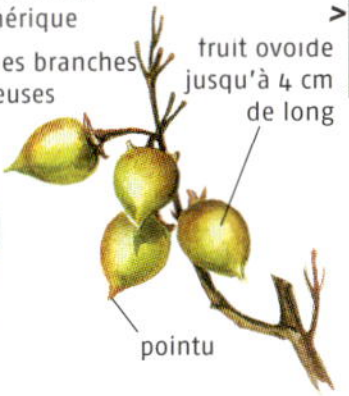

Catalpa commun

Catalpa bignonioides (bignoniacées)

H 15–18 m   juin–juill.

Habitat *Indigène dans l'est de l'Amérique du Nord. En Europe, dans les parcs et les jardins. Inflorescences remarquables, jusqu'à 20 cm de long.*

> ***Les fruits persistent souvent longtemps sur l'arbre.***
> ***Le feuillage froissé dégage une odeur déplaisante.***
> ***Pousse avec vigueur.***

À l'époque de la floraison, abeilles et bourdons investissent souvent en grand nombre les arbres couverts de fleurs. La partie inférieure de la corolle offre aux insectes un bon endroit pour se poser. De là, les insectes butineurs partent explorer les fleurs à la recherche du nectar sucré caché au fond des corolles.

Le saviez-vous ?

Les fruits contiennent de nombreuses graines. Celles-ci portent de longues ailes qui se terminent en poils. Offrant ainsi une bonne prise au vent, elles peuvent se disséminer sur de grandes distances.

Olivier

Olea europaea (oléacées)

H 5-15 m   mai-juin

Les peuples de l'Antiquité utilisaient déjà l'olivier. L'huile d'olive est un ingrédient incontournable de la cuisine méditerranéenne. L'huile de table, de qualité « extra-vierge », est extraite par pressage à froid de la pâte obtenue par broyage des fruits. Lorsqu'elle est extraite à des températures plus élevées, l'huile est de moins bonne qualité et réservée à d'autres usages.

Habitat *Planté dans tout le bassin méditerranéen. Forme sauvage dans les bois et les maquis. Les fruits virent du vert au brun-rouge ou au noir.*

> ***Peut vivre plus de 1 000 ans.***
> ***Le rameau symbolise la paix.***
> ***Fournit de l'huile et des olives.***

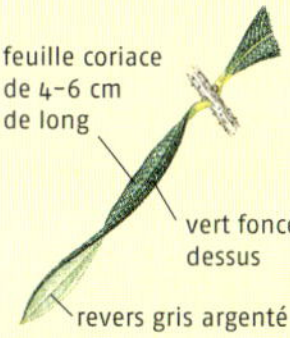

Dragonnier des Canaries

Dracaena draco (agavacées)

H 3-20 m   juill.-août

Il est très difficile de déterminer l'âge d'un dragonnier, car son bois ne possède pas de cernes de croissance. Les botanistes savent cependant aujourd'hui que ces arbres peuvent atteindre 400 ans et non, comme le supposaient les premiers scientifiques, plusieurs milliers d'années. La résine qui s'écoule du tronc blessé est rouge, ce qui lui a valu le nom de « sang du dragon ».

Habitat *Indigène aux îles Canaries. Fréquemment planté là-bas. Baies groupées en panicules entre les touffes de feuilles.*

> ***Devenu très rare dans la nature.***
> ***Ne fleurit que tous les 15 ans environ.***
> ***Croît de nombreuses années sans se ramifier.***

Saule marsault

Salix caprea (salicacées)

H 2-10 m mars-mai

Habitat *Spontané dans presque toute l'Europe, en lisière des bois, dans les coupes forestières et les carrières. Se distingue particulièrement par ses chatons mâles.*

> ***Il existe des arbres mâles et femelles.***
> ***S'accommode des sols humides et secs.***
> ***Variétés pleureuses pour le jardin.***

Le saule marsault fleurit tôt et produit beaucoup de nectar, fournissant aux abeilles l'une des premières sources de nourriture de l'année. Pour cette raison, il faut éviter de couper trop de rameaux pour la décoration intérieure. Le dimanche des Rameaux, en Europe centrale, les rameaux de saule remplacent souvent les feuilles de palmier utilisées dans le Sud. Le saule est dans ces régions symbole de fécondité et d'immortalité.

Le saviez-vous ?

Les écailles brunes des bourgeons s'ouvrent souvent dès les premières chaleurs. Cependant, les inflorescences restent encore bien protégées du gel par les poils épais – ce sont des « chatons » avec une fourrure douce gris argenté.

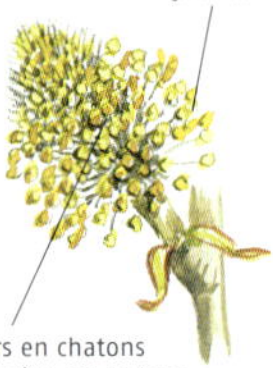

Saule pleureur

Salix babylonica (salicacées)

H 8-12 m avr.-mai

Les saules pleureurs ornent les parcs, en particulier au bord des lacs et des étangs. Il peut s'agir de l'espèce qui a été introduite en Europe il y a plus de 200 ans, et qui se distingue par ses rameaux particulièrement longs – mais les arbres plantés sont généralement des hybrides issus de croisements divers.

Habitat *Indigène du Caucase à la Chine. En Europe, dans les parcs et les jardins. Les chatons femelles sont comme les chatons mâles généralement arqués.*

> ***Arbre d'ornement remarquable.***
> ***Sensible aux fortes gelées.***
> ***Nombreux hybrides aux silhouettes similaires.***

Saule tortueux

Salix matsudana 'Tortuosa' (salicacées)

H 4-8 m mars-avr.

Le saule tortueux est l'une des espèces de saules les plus faciles à reconnaître. Cet arbre très vigoureux exige beaucoup de place dans un jardin. Il se multiplie très facilement. Il suffit en effet de mettre un rameau dans l'eau et d'attendre que des racines se forment.

Habitat *Uniquement en culture. Vient d'une espèce de l'est de l'Asie. En Europe, dans les parcs et les jardins. Les rameaux contournés sont caractéristiques.*

> ***Prisé en fleuristerie.***
> ***Ramure décorative en hiver.***
> ***Mêmes rameaux contournés que le noisetier tortueux (p. 198).***

Saule blanc

Salix alba (Salicacées)

H 8-20 m avr.-mai

Habitat *Pousse presque dans toute l'Europe, sur les berges des cours d'eau et des lacs et dans les forêts alluviales. Les feuilles ont un reflet argenté marqué.*

- > ***Le plus grand et le plus commun des saules indigènes.***
- > ***Peut croître de 2 m dans l'année.***
- > ***Les fleurs apparaissent en même temps que les feuilles.***

Le saule blanc développe un système racinaire dense et superficiel qui le rend apte à consolider les berges. Il convient aussi aux zones inondables, car il peut rester sans problème plusieurs semaines les pieds dans l'eau. Le bois se décomposant rapidement, les vieux arbres sont souvent creux. Les cavités servent de refuge aux oiseaux, petits rongeurs et autres animaux. Elles peuvent aussi se remplir d'humus et accueillir d'autres plantes.

Le saviez-vous ?

Les rameaux fins et souples du saule blanc sont employés en vannerie comme ceux du saule des vanniers (p. 62). Les arbres régulièrement étêtés développent des silhouettes typiques avec des troncs épais.

Saule fragile

Salix fragilis (salicacées)
H 5-15 m avr.-mai

Contrairement à ceux du saule blanc (p. 82), les rameaux du saule fragile cassent aisément, avec un craquement net à l'endroit de la brisure. Tout comme le saule blanc, l'espèce est intéressante pour la consolidation des berges dans les zones inondables.

Habitat *Pousse presque dans toute l'Europe, le long des cours d'eau, dans les fossés et les aulnaies. Le dessus et le dessous des feuilles diffèrent nettement.*

- > ***Également appelé « saule cassant ».***
- > ***Exige un sol frais à humide.***
- > ***Peut se croiser avec le saule blanc.***

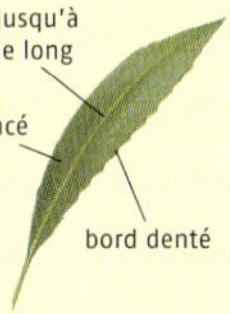

Peuplier baumier

Populus balsamifera (salicacées)
H 20-30 m mars-avr.

En Amérique, le peuplier baumier est le feuillu le plus septentrional. Vers le nord, son domaine s'étend de Terre-Neuve à l'Alaska, le long de la limite des forêts. C'est aussi une essence pionnière, avide de lumière, qui colonise les alluvions récentes au bord des cours d'eau ou des lacs.

Habitat *Indigène dans le nord de l'Amérique du Nord. En Europe, planté dans les parcs, en alignement et au bord des rivières. Revers des feuilles typiquement blanchâtre ou jaunâtre.*

- > ***Bourgeons et jeunes pousses sentant le baume.***
- > ***Bourgeons poisseux.***
- > ***Les rameaux coupés se bouturent facilement.***

Peuplier euraméricain

Populus x *canadensis* (salicacées)

H 20-30 m mars-avr.

Habitat *Issu d'un croisement entre le peuplier noir européen et le peuplier américain. Fréquemment planté. Écorce profondément fissurée.*

- > ***Également appelé « peuplier du Canada ».***
- > ***Feuilles rougeâtres quand elles sortent.***
- > ***Peut provoquer des allergies, comme la propolis qu'il produit.***

Cet arbre très vigoureux produit un bois tendre dont on extrait la cellulose. Les abeilles butinent les petites gouttes collantes (propolis) qui suintent des bourgeons des peupliers et de certains autres arbres. Mélangée à leur cire et à leur salive, cette résine sert à colmater les ruches. Dans l'Antiquité, les Égyptiens l'utilisaient pour embaumer leurs momies. De nos jours, on trouve dans le commerce de nombreux produits à base de propolis, utilisés pour les maladies de peau ou comme stimulants.

Le saviez-vous ?

Les différentes variétés du peuplier euraméricain ne peuvent pas se reproduire par semis, mais uniquement par bouturage. Porteurs du même patrimoine génétique, les arbres obtenus se développent de la même manière, donnant des plantations uniformes.

Peuplier noir

Populus nigra (salicacées)

H 15-30 m mars-avr.

Les graines de peuplier noir portent un toupet de poils blancs fins qui leur permet de voler jusqu'à 15 km. Elles doivent cependant rapidement trouver le bon endroit, car leur capacité à germer ne dure que 1-2 semaines. Pour assurer leur descendance, les arbres en produisent d'immenses quantités qui recouvrent souvent le sol comme de la laine. Les scientifiques ont établi qu'un seul arbre pouvait produire plus de 25 millions de graines par an.

Habitat *Spontané dans le nord et le centre de l'Europe, dans les forêts alluviales et sur les rives des cours d'eau. Variétés horticoles dans les parcs et en culture. Feuilles en forme de losange.*

> ***Jeunes feuilles déjà vertes.***
> ***Survit en zone inondée.***
> ***Les troncs et souches sciés émettent de nouvelles pousses.***

Le saviez-vous ?

Déjà connu au Moyen Âge, le peuplier d'Italie (Populus nigra 'Italica') est une variété horticole du peuplier noir. Napoléon Bonaparte découvrit cet arbre lors de ses campagnes en Italie et en fit planter dans l'est de la France. Il s'agit d'une forme mâle qui doit être multipliée par bouturage.

Tremble

Populus tremula (salicacées)

H 10-30 m mars-avr.

Habitat *Indigène en Europe dans les bois clairs, les coupes forestières, les rocailles et au bord des routes. Teintes automnales jaune d'or à rouge orangé.*

- ***Pousse souvent en groupes denses.***
- ***Exige beaucoup de lumière.***
- ***Espèce pionnière colonisant les lieux dégagés.***

L'expression « trembler comme une feuille » n'est pas étrangère à cet arbre chez lequel les longs pétioles aplatis provoquent l'agitation des feuilles au moindre souffle de vent. Les anciens assimilaient le bruissement perpétuel des feuilles à une plainte et considéraient le tremble comme un arbre des enfers.

Aulne de Corse

Alnus cordata (bétulacées)

H 10-15 m mars-avr.

Habitat *Indigène en Corse et dans le sud de l'Italie. Planté dans le centre et l'ouest de l'Europe. Feuilles typiquement cordiformes et brillantes.*

- ***Également appelé « aulne d'Italie » ou « aulne à feuilles en cœur ».***
- ***Tolère la sécheresse.***
- ***Les plus gros fruits de tous les aulnes.***

Peu exigeant, l'aulne de Corse est utilisé comme arbre d'alignement dans le centre des villes. En Europe centrale, il ombre parfois les places et les rues commerçantes. Les feuilles se teintent à peine en automne et restent longtemps sur l'arbre avant de tomber.

Aulne glutineux

Alnus glutinosa (bétulacées)

H 10–25 m janv.-avr.

L'aulne glutineux, ou « verne », produit un bois tendre, imputrescible, utilisé depuis longtemps dans les travaux hydrauliques et de terrassement. Autrefois, les portes d'écluse étaient souvent en bois d'aulne. Immergée avec du fer, l'écorce teinte l'eau en noir après quelques jours. Les selliers et les cordonniers utilisaient le liquide obtenu pour noircir le cuir. Les feuilles mortes passées sous l'eau se teintent aussi de noir.

Habitat *Spontané dans presque toute l'Europe, dans les forêts alluviales, les prés humides et le long des cours d'eau. Le bois se remarque par sa teinte orangée.*

> ***Fleurit avant la feuillaison.***

> ***Racines jusqu'à 4 m de profondeur.***

> ***Indique un niveau élevé de la nappe phréatique.***

Le saviez-vous ?

Les racines des aulnes possèdent des nodosités curieusement disposées en grappes. Elles fixent l'azote de l'air grâce aux bactéries qu'elles hébergent et rendent ainsi ce précieux élément assimilable par les arbres.

Aulne blanc

Alnus incana (bétulacées)
H 8-20 m   mars-avr.

Habitat *Spontané dans le nord et le centre de l'Europe, à proximité des cours d'eau. Souvent planté. Feuille pointue contrairement à l'aulne glutineux.*

> ***Tolère aussi bien les terrains humides que secs.***
> ***Pas de teintes automnales.***
> ***Le nom se réfère à la couleur de l'écorce.***

L'aulne blanc forme d'importantes colonies le long des torrents et des rivières alpines. On le remarque particulièrement en hiver à son tronc gris. En plaine, il est utilisé avec succès comme brise-vent et pour la revégétalisation des terrils. Une fois coupé, l'aulne blanc forme rapidement une cépée.

Bouleau pubescent

Betula pubescens (bétulacées)
H 5-20 m   avr.-mai

Habitat *Spontané dans le nord et le centre de l'Europe, dans les marais et les bois marécageux. Se distingue du bouleau verruqueux par ses feuilles ovales.*

> ***Enracinement très superficiel.***
> ***Très rustique.***
> ***Contrairement au bouleau verruqueux, pousse aussi en Islande.***

Après la dernière glaciation, le bouleau pubescent a fait partie des premiers arbres à recoloniser l'Europe centrale. Aujourd'hui, les zones marécageuses offrant un lieu approprié à la croissance de l'arbre sont dispersées. Grâce à ses graines ailées transportées par le vent, il peut cependant se disséminer sur plusieurs kilomètres.

Bouleau verruqueux

Betula pendula (bétulacées)

H 8-25 m avr.-mai

Avant l'avènement des matières plastiques, le bouleau était prisé pour son bois aux usages multiples. Hélices, ailes d'avion, patins d'atterrissage, skis, jantes, articles de sport et bobines de fil étaient faits de ce bois léger mais résistant. La sève recueillie au printemps, appelée « eau de bouleau », s'utilise encore aujourd'hui en cure après l'hiver et dans les lotions capillaires.

Habitat *Indigène dans presque toute l'Europe, dans les bois, les clairières et les landes. L'écorce blanche est marquée de bourrelets et de crevasses foncées.*

> ***Également appelé « bouleau d'Europe » et Betula verrucosa.***
> ***Exige beaucoup de lumière.***
> ***Le pollen provoque des allergies.***

Le saviez-vous ?

Le bouleau madré, ou bouleau de Finlande, est en fait une variété de bouleau verruqueux. Il fournit un bois très joliment veiné, prisé en ébénisterie et pour le tournage.

Bouleau des rivières

Betula nigra (bétulacées)

H 15-20 m avr.-mai

Habitat *Originaire de l'est des États-Unis. En Europe, dans les parcs et les jardins. Écorce brun-rouge à noire, avec des lambeaux enroulés.*

> ***Écorce sombre contrairement aux autres bouleaux.***
> ***Feuilles jaunes en automne.***
> ***A besoin de place dans un jardin.***

Aux États-Unis, sa région d'origine, le bouleau des rivières, ou « bouleau noir », pousse au bord des cours d'eau et des lacs, d'où son nom. Il est là-bas abondamment planté pour lutter contre l'érosion dans les zones humides et marécageuses. Chez nous, il ne joue qu'un rôle décoratif dans les parcs et les jardins.

Bouleau de l'Himalaya

Betula utilis (bétulacées)

H 15-20 m avr.-mai

Habitat *Indigène dans l'ouest de l'Himalaya. En Europe, surtout dans les parcs. Se remarque à son écorce d'un blanc éblouissant.*

> ***Très décoratif en arbre isolé.***
> ***Feuilles jaune d'or en automne.***
> ***Très accommodant.***

La teinte blanche de l'écorce est due à la bétuline. Cette substance réfléchit les rayons du soleil et protège le tronc contre l'échauffement. Ce rôle est important pour les arbres isolés pendant les froides journées d'hiver : la différence de température entre le côté du tronc exposé au soleil et celui situé à l'ombre peut faire éclater l'écorce. Le chaulage des troncs dans les vergers agit de la même façon.

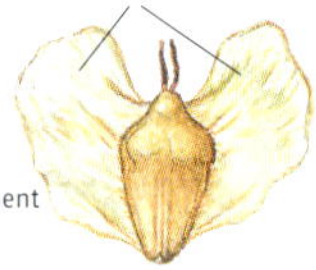

Charme

Carpinus betulus (bétulacées)
H 5-25 m mai

Le charme fournit un excellent bois de chauffage et un très bon charbon de bois. Il est pour cela souvent planté et exploité en taillis. Son bois blanc, légèrement nacré, très dense, est prisé pour sa dureté et sa résistance. Il est utilisé pour la fabrication d'objets soumis à des efforts particuliers, tels que rabots, billots, rayons de roue et pièces mécaniques de piano.

Habitat *Surtout en Europe centrale, dans les forêts de feuillus, les haies, les lisières des bois. Fréquemment planté. Les feuilles mortes persistent souvent longtemps sur l'arbre.*

> ***Enracinement très profond.***
> ***Les fruits ne sont souvent dispersés qu'en hiver par le vent.***
> ***Parfois classé dans les Corylacées.***

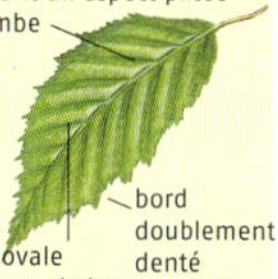

Le saviez-vous ?

Le charme supporte très bien les tailles sévères. Il est de ce fait souvent utilisé en haie. Après la taille, les « charmilles » reconstituent un feuillage épais et conservent une partie des feuilles mortes durant l'hiver – un phénomène appelé marcescence.

Charme-houblon

Ostrya carpinifolia (bétulacées)

H 10-20 m   avr.-mai

Habitat *Spontané du sud de l'Europe à l'Asie Mineure, dans des forêts mixtes. En Europe centrale, dans les parcs. Les fruits rappellent ceux du houblon.*

> ***Rappelle le charme (p. 91) par sa silhouette et ses feuilles.***
> ***Supporte la sécheresse.***
> ***A besoin de suffisamment de chaleur.***

Le nom scientifique *Ostrya* signifie « huître » en grec. L'involucre en forme de sac qui entoure la graine rappelle un peu la coquille de ce bivalve. Elle assure la dissémination des graines par le vent, mais ne fonctionne bien que si ce dernier souffle suffisamment fort, pouvant alors les transporter sur une grande distance.

Noisetier de Byzance

Corylus colurna (corylacées)

H 10-20 m   févr.-mars

Habitat *Indigène dans le sud-est de l'Europe et en Asie Mineure. En Europe centrale, souvent planté dans les parcs et en alignement. Produit des noisettes à coque très dure.*

> ***Fruits groupés en bouquets arrondis.***
> ***Un tronc unique, contrairement au noisetier (p. 198).***
> ***Également appelé « noisetier de Turquie ».***

Les noisettes de cette espèce ont la même saveur que celles du noisetier (p. 198). Cependant, elles sont très dures à casser et n'offrent qu'un faible rendement. Le bois joliment veiné est utilisé en ébénisterie et en sculpture, un emploi également évoqué par le nom d'espèce *colurna* qui signifie « fait en bois de noisetier ».

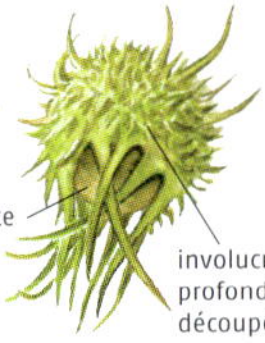

Chêne-liège

Quercus suber (fagacées)
H 6-10 m avr.-mai

Cet arbre est surtout cultivé dans le sud de l'Espagne et le sud du Portugal pour la production de liège. La première récolte a lieu au bout de 15-20 ans. Ce prélèvement n'abîme pas l'arbre, car il s'agit en fait d'un tissu mort. La couche de liège met environ 10 ans à se reconstituer et se prête alors à une nouvelle récolte. Ces dernières années, le liège est particulièrement recherché pour la bio-construction.

Habitat *Répandu dans le centre et l'ouest du bassin méditerranéen. Cultivé depuis longtemps. L'écorce crevassée, épaisse et liégeuse, est typique.*

- > ***Persistant.***
- > ***Tronc rouge foncé l'année qui suit l'écorçage.***
- > ***Se cultive uniquement en pot en Europe centrale.***

Le saviez-vous ?
Pour que le liège n'empêche pas l'arbre de respirer, il est parcouru de minces canaux remplis d'une poudre légère. C'est afin d'améliorer leur étanchéité que les bouchons en liège sont recouverts d'une fine couche de silicone ou de paraffine.

Châtaignier

Castanea sativa (fagacées)

H 10-30 m   juin-juill.

Habitat *Spontané dans le sud de l'Europe, planté ou subspontané dans d'autres régions d'Europe. Les bogues épineuses fermées font penser à des petits hérissons.*

> ***Les fleurs ont une odeur désagréable.***
> ***Aucune parenté avec le marronnier d'Inde (p. 155).***
> ***Introduit par les Romains au nord des Alpes.***

Au XIXe siècle, les châtaignes faisaient partie des produits alimentaires de base dans de nombreuses régions du sud de l'Europe. Les arbres étaient plantés à cet usage en grandes châtaigneraies. Le bois, qui supporte bien l'humidité, est utilisé pour la fabrication de douves de tonneau, de planchers d'étable et de bateaux. Autrefois, les viticulteurs abattaient souvent des arbres de 15-20 ans pour obtenir des piquets pour la vigne.

Le saviez-vous ?

En hiver, en particulier à Noël, on trouve des « marrons chauds » sur les marchés de nombreuses régions. Riches en glucides, les châtaignes ont un goût sucré et contiennent aussi un peu de lipides.

Hêtre de l'Antarctique

Nothofagus antarctica (fagacées)
H 5-7 m avr.-mai

Comme son nom l'indique, le hêtre austral pousse exclusivement dans l'hémisphère Sud. Chez nous, il est planté dans les petits jardins où il est apprécié pour sa silhouette souvent tordue et ses petites feuilles. Dans son aire naturelle, il ne développe pas non plus de grosses branches et son bois est généralement utilisé comme combustible.

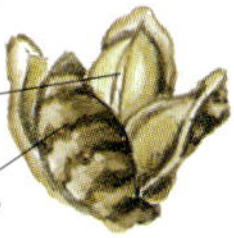

Habitat *Indigène en Amérique du Sud, du Chili à la Terre de Feu. En Europe centrale, dans les parcs et les jardins. Rameaux uniformément garnis de petites feuilles.*

> ***Rameaux généralement en zigzag.***
> ***Adopte souvent un port buissonnant.***
> ***Les fruits ressemblent à des petites faînes (p. 60).***

Micocoulier de Provence

Celtis australis (ulmacées)
H 10-20 m avr.-mai

Les fruits mûrs, les « micocoules » ont une saveur sucrée, mais ne sont pas commercialisés sur nos marchés. Le bois, connu sous le nom de « bois de Perpignan », est très élastique. Les branches et rameaux fins servent à fabriquer des cannes à pêche et des manches de fouet.

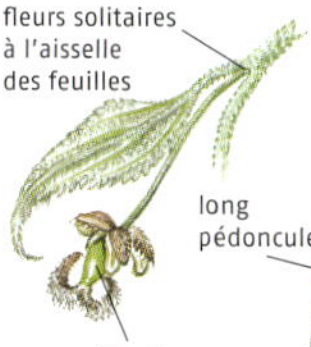

Habitat *Spontané dans les bois de feuillus et les garrigues du sud de l'Europe. Souvent planté en alignement dans le bassin méditerranéen. Les fruits sont solitaires à l'aisselle des feuilles.*

> ***Dessus des feuilles rugueux, contrairement à l'espèce suivante.***
> ***Moyennement rustique en Europe centrale.***
> ***Les oiseaux mangent les fruits.***

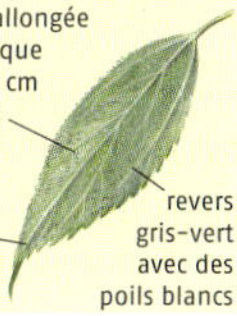

Micocoulier de Virginie

Celtis occidentalis (ulmacées)

H 10-25 m avr.-mai

Habitat *Originaire de l'est de l'Amérique du Nord. En Europe centrale, dans les parcs. L'écorce grise est irrégulièrement crevassée.*

> ***Feuilles jaunes en automne.***
> ***Supporte mieux le froid hivernal que l'espèce précédente.***
> ***Fréquent dans sa région d'origine.***

Les fruits sucrés du micocoulier de Virginie sont comestibles, comme ceux du micocoulier de Provence (p. 95), tout en étant moins charnus. Ils persistent souvent sur l'arbre en hiver. Dans l'aire naturelle de l'arbre, ils attirent plus de 25 espèces d'oiseaux et de petits mammifères.

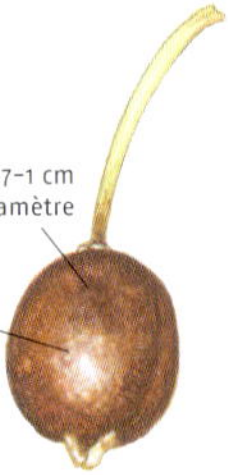

Orme de Sibérie

Zelkova carpinifolia (ulmacées)

H 10-25 m mai

Habitat *Indigène dans le Caucase. Fréquent dans les parcs en Grande-Bretagne et dans le sud de l'Europe, plus rare ailleurs. Fruits à l'aisselle des feuilles à pédoncules très courts.*

> ***Feuillage jaune orangé en automne.***
> ***Évoque un peu le charme (p. 91) par sa silhouette.***
> ***Peu exigeant, mais sensible aux hivers rigoureux.***

Dans sa région d'origine, l'orme (ou « faux-orme ») de Sibérie affectionne particulièrement les forêts alluviales bordant la mer Caspienne. Les amateurs de bonsaïs cultivent fréquemment cet arbre en lui donnant des formes insolites. Comme il supporte bien les tailles sévères, il est aussi planté en haie.

Orme de montagne

Ulmus glabra (ulmacées)

H 20–40 m mars–avr.

Les fruits ailés de l'orme de montagne, également appelé « orme blanc », mûrissent très vite et sont dispersés par le vent dès le mois de mai. Le bois dur, élastique et résistant présente une très belle veinure. Il est utilisé en menuiserie. Dans l'Antiquité, les ormes symbolisaient la mort et la tristesse.

Habitat *Dans presque toute l'Europe, dans les forêts, les haies et les vallons. Aussi dans les parcs et en alignement. Les fruits se développent déjà avant la feuillaison.*

Le saviez-vous ?

La graphiose, une grave maladie apparue après la Première Guerre mondiale, a détruit beaucoup d'ormes. Le champignon responsable, qui vit dans les vaisseaux du bois, est transmis par le scolyte de l'orme dont les larves creusent des galeries sous l'écorce.

> ***Fleurit très tôt.***
> ***Se plaît dans les régions fraîches et humides.***
> ***Peut vivre jusqu'à 400 ans.***

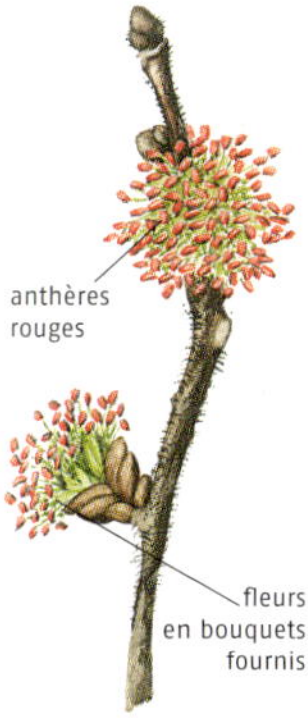

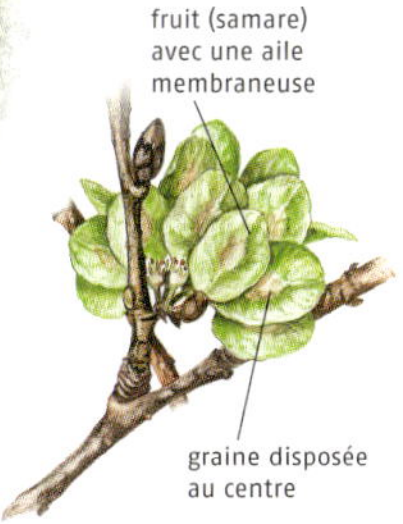

Orme champêtre

Ulmus minor (ulmacées)

H 20-35 m mars-avr.

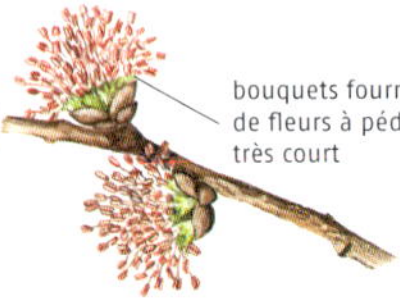

Habitat *Spontané dans presque toute l'Europe, dans les haies et les bois. Planté dans les parcs et le long des routes. Rameaux souvent munis de crêtes saillantes.*

> ***Forme des feuilles et silhouette très variables.***
>
> ***Aime la lumière et la chaleur.***
>
> ***Indique un sol riche.***

Autrefois, les ormes jouaient dans de nombreuses régions le rôle des tilleuls : ils marquaient le point central des places de village et le lieu où la justice était rendue. L'orme champêtre supporte bien la taille et se prête à la réalisation de haies. Son feuillage était autrefois utilisé pour nourrir les moutons

Orme lisse

Ulmus laevis (ulmacées)

H 10-35 m mars-avr.

Habitat *Spontané dans le centre et l'est de l'Europe, surtout dans les forêts alluviales. Planté le long des routes et dans les parcs. Se distingue par ses fleurs au long pédoncule.*

> ***Les fruits voltigent au bout de leur pédoncule.***
>
> ***Moins sensible à la graphiose.***
>
> ***Également appelé « orme diffus ».***

Selon la saison, l'orme lisse peut supporter sans dommage des inondations de plus de 100 jours. C'est ainsi qu'on trouve des arbres vigoureux dans les forêts alluviales. La base du tronc est souvent munie de grosses racines formant de puissants contreforts. Ceux-ci améliorent la stabilité de l'arbre sur les terrains meubles.

Mûrier noir

Morus nigra (moracées)
H 6-15 m mai-juin

Les « mûres » noires s'abîment très vite et sont donc rarement proposées dans le commerce. Mais pour ceux qui en ont la possibilité, cela vaut la peine de goûter ces fruits, leur jus ou la confiture qui en est faite. Ils ont une saveur aigre-douce, qui se révèle avec plus de force à la cuisson. Leur jus foncé peut servir de colorant alimentaire.

Habitat *Originaire de l'ouest de l'Asie. Cultivé dans le sud de l'Europe depuis l'Antiquité. En mûrissant, les fruits passent du blanc et rouge au noir.*

- ***Ne devient un grand arbre que sous les climats doux.***
- ***Les fruits ressemblent aux mûres de la ronce.***
- ***Contient une sève laiteuse.***

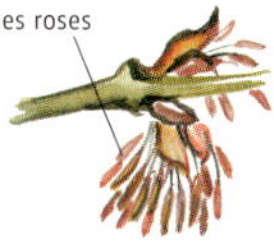

Cercidiphyllum du Japon

Cercidiphyllum japonicum (cercidiphyllacées)
H 5-20 m avr.

Au Japon, cet arbre est l'un des feuillus les plus importants de l'industrie forestière. Son bois tendre et léger, joliment veiné, se travaille facilement. Les Japonais l'utilisent en sculpture et pour la fabrication de petits meubles, de cloisons et de pions de jeux de go. En automne, le feuillage humide dégage une agréable odeur de caramel.

Habitat *Indigène au Japon et en Chine. En Europe, arbre d'ornement dans les parcs et les jardins. Le feuillage prend en automne une teinte jaune clair ou rougeâtre.*

- ***Feuilles en partie alternes, en partie opposées.***
- ***Également appelé « arbre au caramel ».***
- ***Fleurit avant la feuillaison.***

Merisier

Prunus avium (rosacées)

H 8-20 m avr.-mai

Les merises doivent être récoltées à pleine maturité, car elles ne mûrissent plus une fois cueillies. Leur chair aigrelette contient des minéraux et des vitamines. On utilise leurs noyaux pour garnir des coussins qui, réchauffés au four traditionnel ou au micro-ondes, soulagent les douleurs musculaires. Les rameaux coupés début décembre et placés dans une pièce chauffée fleurissent souvent avant Noël.

Habitat *Spontané dans le centre de l'Europe, dans les bois et en lisière des forêts. Parfois planté dans les parcs. À l'origine des variétés de cerises douces.*

> ***Fleurit avant la feuillaison.***
> ***Tronc droit presque jusqu'au sommet chez les formes sauvages.***
> ***Nombreuses variétés cultivées.***

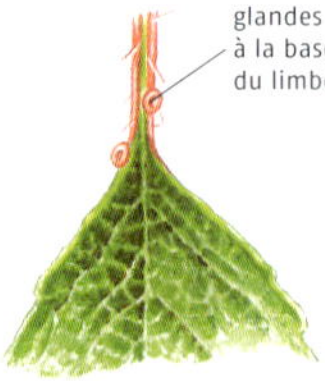

Le saviez-vous ?

Des blessures du tronc s'écoule une gomme qui sert à boucher les plaies. Diluée dans l'eau et chauffée à haute température, celle-ci peut calmer la toux.

Griottier

Prunus cerasus (rosacées)
H 3-6 m avr.-mai

Les cerisiers cultivés poussent rarement sur leurs propres racines. Ils sont greffés sur un porte-greffe, qui peut être un cerisier de Sainte-Lucie (p. 104) ou un prunier myrobolan (p. 103). Certaines personnes trouvent les griottes trop acides. Beaucoup les apprécient tout de même en confitures, au sirop ou en clafoutis.

__Habitat__ Originaire de l'ouest de l'Asie. Cultivé en Europe depuis l'époque romaine. Fruits rouge clair à noir rougeâtre selon les variétés.

> ***Également appelé « cerisier acide » ou « cerisier aigre ».***
> ***Fleurit un peu après le merisier.***
> ***Fruits acides.***

Cerisier à fleurs

Prunus serrulata (rosacées)
H 3-12 m avr.-mai

Les Japonais cultivent le cerisier à fleurs depuis des millénaires et ont obtenu d'innombrables variétés. Ils apprécient sa floraison luxuriante qui annonce l'arrivée du printemps et lui consacrent même une fête tous les ans, appelée « Hanami ».

__Habitat__ Forme sauvage originaire de l'est de l'Asie. En Europe, dans les parcs et les jardins. Grandes fleurs simples chez certaines variétés.

> ***Également appelé « cerisier du Japon ».***
> ***Très nombreuses variétés horticoles.***
> ***Fruits non comestibles.***

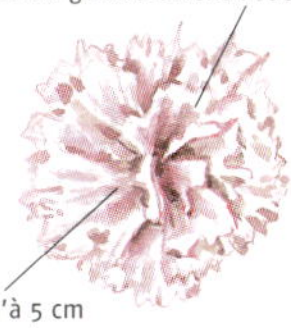

Cerisier à grappes

Prunus padus (rosacées)

H 3–12 m avr.-mai

L'écorce de cet arbre, également appelé « bois puant », dégage une odeur fétide désagréable. Autrefois, les Norvégiens en tiraient un colorant. Prélevée en automne, elle teinte la laine en orange ou brun foncé selon le procédé employé. En Russie, les vanniers utilisent les rameaux souples, vert olive ou brun-rouge.

Habitat *Spontané dans presque toute l'Europe, dans les forêts alluviales et en lisière des bois humides. Fleurit généralement à profusion.*

> ***Exige un sol très humide.***
> ***Fleurs agréablement parfumées.***
> ***Fruits à saveur astringente.***

Cerisier tardif

Prunus serotina (rosacées)

H 5–12 m mai-juin

Le cerisier tardif a été l'un des premiers arbres américains à gagner l'Europe, vers 1623, pour orner les parcs et les jardins. Les forestiers l'utilisent comme brise-vent et pour améliorer la teneur en humus du sol. Les protecteurs de la nature sont critiques face à cet arbre, car il colonise les haies et les milieux humides en modifiant les écosystèmes.

Habitat *Indigène dans l'est de l'Amérique du Nord. En Europe, planté et en partie naturalisé. Grappes fructifères pendantes et très fournies.*

> ***Très accommodant.***
> ***Fleurit 2 semaines environ après le cerisier à grappes.***
> ***Fruits comestibles mais amers.***

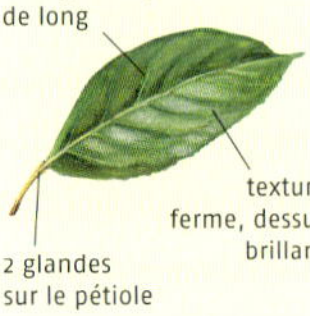

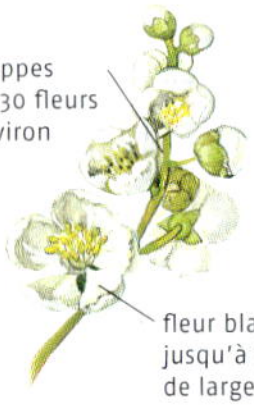

Prunier myrobolan

Prunus cerasifera (rosacées)

H 4-8 m   mars-avr.

Très accommodant, le prunier myrobolan est fréquemment utilisé comme porte-greffe pour certaines variétés sensibles de pruniers et de cerisiers. Il arrive parfois que le porte-greffe émette des pousses vigoureuses et prenne le dessus sur la variété greffée. Plus connues que l'espèce sauvage à feuillage vert et floraison blanche, les variétés ornementales offrent généralement un feuillage pourpre et des fleurs plus ou moins teintées de rose.

Habitat *Indigène en Asie Mineure et dans le Caucase. En Europe, naturalisé et dans les parcs et les jardins. Fleurit abondamment juste avant la feuillaison.*

Le saviez-vous ?

Ses fruits ont une saveur aromatique, légèrement aigrelette. Contrairement à la vraie prune (p. 106), la chair ne se détache pas du noyau. L'idéal est de cuire les fruits entiers à l'eau bouillante, puis de les écraser pour récupérer la pulpe.

> ***Également appelé « prunier-cerise ».***
> ***Floraison rose ou blanche.***
> ***La teinte des fruits varie de jaune à rouge.***

Cerisier de Sainte-Lucie

Prunus mahaleb (rosacées)

H 1-10 m   avr.-mai

Habitat *Spontané dans le sud et le centre de l'Europe, sur les versants pierreux et ensoleillés. Inflorescences semblables à des ombelles.*

- ***Également appelé « bois de Sainte-Lucie ».***
- ***Résiste à la chaleur.***
- ***Les oiseaux trouvent refuge dans sa couronne dense.***

Les petites « cerises » ont une saveur amère. Malgré cela, cet arbre peu exigeant a acquis une certaine importance : il sert en effet souvent de porte-greffe pour différentes variétés de cerisiers. Son bois dégage une odeur agréable qui rappelle le foin. Il est utilisé pour le tournage et la fabrication de tuyaux de pipe.

Abricotier

Prunus armeniaca (rosacées)

H 4-8 m   mars-avr.

Habitat *Originaire de l'ouest de l'Asie. Fréquent dans le bassin méditerranéen, plus rare en Europe centrale. Fleurs blanches ou rosées, avant les feuilles.*

- ***Il existe de nombreuses variétés cultivées.***
- ***Exige beaucoup de chaleur.***
- ***La chair du fruit se détache facilement du noyau.***

Contrairement à ce que le nom d'espèce *armeniaca* laisse supposer, l'abricotier ne vient pas d'Arménie. Il fut en fait introduit en Grèce et à Rome après les campagnes menées en Arménie par l'empereur Néron au Ier siècle après J.-C. Ses fruits riches en minéraux et en vitamines sont excellents pour la santé.

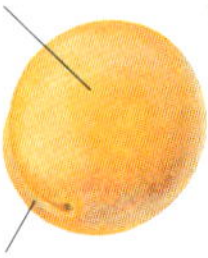

Pêcher

Prunus persica (rosacées)

H 3-10 m mars-avr.

Le nom d'espèce *persica* rappelle que le pêcher est arrivé en Europe depuis la Chine en passant par la Perse. Ses fruits rafraîchissants sont très savoureux. L'amande contenue dans le noyau est toxique, car elle libère de l'acide cyanhydrique dans l'estomac. Elle fournit cependant une huile utilisée en cosmétique, comme l'huile d'amande douce. Une fois débarrassée de ses substances toxiques, elle peut aussi servir à la fabrication de pâte d'amande.

Habitat *Originaire de Chine. Fréquemment planté dans le bassin méditerranéen ; ailleurs, essentiellement dans les régions à vignobles. Les fruits sont typiquement veloutés.*

> ***Variétés à chair jaune ou blanche.***
> ***Fruit facile à digérer.***
> ***Floraison sensible aux gelées tardives.***

Le saviez-vous ?

La nectarine est une variété de pêche à peau lisse. Cela ne fait que quelques décennies qu'elle a conquis nos palais. Il existe de nos jours un nombre important de variétés.

Prunier

Prunus domestica (rosacées)

H 3-15 m avr.-mai

Habitat *Essence fruitière cultivée dans presque toute l'Europe, parfois subspontanée. Les fruits sont souvent couverts d'une pruine qui s'enlève au frottement.*

- ***Peu exigeant.***
- ***Fleurit juste avant ou en même temps que la feuillaison.***
- ***Plus de 2 000 variétés avec des fruits très différents.***

Les archéologues ont découvert dans des sites préhistoriques d'Europe et d'Asie occidentale des noyaux de différentes variétés sauvages de prunier. Les premiers pruniers cultivés en Grèce venaient de Syrie. Environ 100 ans avant J.-C., les Romains les introduisirent en Europe centrale au cours de leurs campagnes. Les fruits savoureux se consomment crus, en tartes ou en boisson alcoolisée. Frais et séchés, ils favorisent le transit intestinal et ont une action légèrement purgative.

Le saviez-vous ?

Les mirabelliers sont également des pruniers. Leurs fruits de 2-3 cm de diamètre ont une saveur très parfumée et la chair se détache facilement du noyau.

Amandier

Prunus dulcis (rosacées)

H 3-10 m   mars-avr.

Les amandes douces sont très nourrissantes et riches en minéraux. Il serait difficile d'imaginer la pâtisserie sans les amandes. Elles entrent dans de nombreuses recettes, notamment la pâte d'amande qui est un mélange d'amandes douces, de sucre et de blanc d'œuf. L'huile d'amande douce est utilisée en cosmétique et pour huiler les mécanismes d'horloge. Les amandes amères libèrent au contraire de l'acide cyanhydrique dans l'estomac. L'ingestion de 5-10 de ces amandes peut être fatale à un enfant.

Le saviez-vous ?

En région méditerranéenne, les amandes vertes sont considérées comme une friandise. Récoltées avant maturité, elles se consomment crues ou confites.

Habitat *Indigène dans l'ouest de l'Asie. Planté dans le bassin méditerranéen. Les fleurs apparaissent avant les feuilles.*

- ***En Europe centrale, pousse uniquement en situation très abritée.***
- ***Sensible aux gelées tardives.***
- ***Il existe des amandes douces et des amandes amères.***

Épine ergot-de-coq

Crataegus crus-galli (rosacées)

H 6-10 m mai-juin

L'épine ergot-de-coq doit son nom à ses longues épines, qui donnent en haie une végétation impénétrable. Cultivé sur haute tige le long des rues, l'arbre se remarque au printemps par sa floraison abondante et en automne par son feuillage coloré qui persiste longtemps sur les branches.

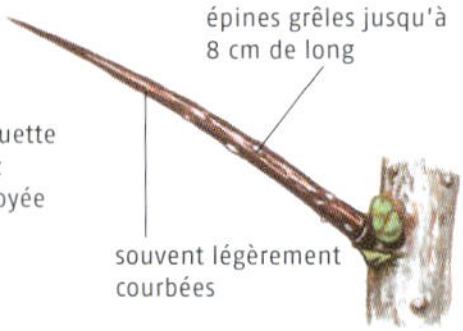

Habitat *Originaire de l'est de l'Amérique du Nord. En Europe, surtout en arbre d'alignement. Les fleurs de 1,5 cm de diamètre sont réunies en gros bouquets.*

> ***Peu exigeant.***
> ***Feuilles orange vif en automne.***
> ***Souvent conduit en arbre, plus rarement en arbuste.***

Pommier du Japon

Malus floribunda (rosacées)

H 3-10 m mai

Les Japonais cultivent depuis fort longtemps différentes variétés de cet arbre. Le pommier « à fleurs » n'est arrivé en Europe qu'au début du XIXe siècle, mais son succès fut immédiat. Avec sa floraison abondante et ses faibles exigences, c'est l'un des pommiers d'ornement les plus précieux.

Habitat *Originaire du Japon. En Europe, arbre d'ornement dans les parcs, les jardins et le long des rues. Rameaux florifères très fournis.*

> ***Supporte bien l'air pollué.***
> ***Fruits très acides.***
> ***Espèce souvent utilisée pour l'hybridation.***

Pommier cultivé

Malus domestica (rosacées)

H 2-15 m avr.-mai

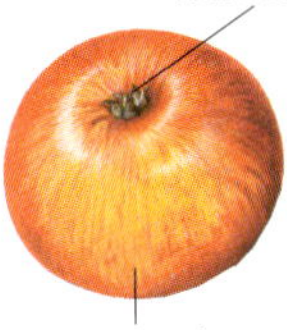

Les premières plantations de pommiers remontent à l'Antiquité. À l'époque de Charlemagne, les paysans cultivaient déjà plusieurs variétés différentes de pommes. Aujourd'hui, rien qu'en France, on compte plus de 1 000 variétés qui, pour la plupart, se limitent à quelques spécimens dans les jardins particuliers. Très bonne pour la santé, la pomme contient des acides, des sucres, de la pectine, des vitamines et des minéraux. La peau est plus riche en vitamines que la chair.

Le saviez-vous ?

Les vergers traditionnels implantés autour des villages se composent le plus souvent de pommiers sur tige, plantés dans les prés sans ordre défini. Ils offrent un milieu propice à la faune et à la flore sauvage.

Habitat *Arbre cultivé, occasionnellement naturalisé dans les fourrés et en lisière des bois. Les pommes ont un pédoncule très court.*

> ***Les fleurs apparaissent en même temps que les feuilles.***
> ***Une des essences fruitières les plus importantes.***
> ***Il existe près de 20 000 variétés à travers le monde.***

Poirier cultivé

Pyrus communis (rosacées)

H 1-25 m avr.-mai

Habitat *Uniquement en culture. Planté dans toute l'Europe pour les fruits. Les feuilles se teintent de jaune ou de rouge en automne.*

- ***Silhouette très variable selon les variétés et la forme fruitière.***
- ***Maturité des fruits entre juillet et octobre.***
- ***Déjà cultivé dans l'Antiquité.***

Même sans fruits, il est facile de reconnaître les poiriers en examinant leurs feuilles : ces dernières présentent souvent en été et en automne des taches rouge orangé vif sur le dessus et des pustules saillantes sur le revers. Ces feuilles sont atteintes de la rouille grillagée du poirier, un champignon qui attaque alternativement le poirier et le genévrier. Il n'affecte pas les autres espèces ligneuses.

Le saviez-vous ?

Brun-rouge, le bois du poirier est très dur, dense et de grande longévité. Il prend un beau poli apprécié en ébénisterie. Teinté en noir, le bois du poirier sauvage (page ci-contre) imite parfaitement l'ébène.

Poirier sauvage

Pyrus pyraster (rosacées)
H 5-20 m avr.-mai

Le poirier sauvage est considéré comme l'ancêtre du poirier cultivé. Il diffère de ce dernier en particulier par ses rameaux épineux. Les chevreuils mangent volontiers les petites poires mûres tombées à terre. Au Moyen Âge, elles servaient à engraisser les porcs. De saveur âpre, elles ne valent pas les poires cultivées.

***Habitat** Indigène de l'Europe à l'ouest de l'Asie, dans les bois et les fourrés rocailleux. Les fruits arrondis à piriformes ne dépassent pas 2-4 cm de large.*

> ***Enracinement profond.***
> ***A besoin de suffisamment de chaleur.***
> ***Parfois utilisé comme porte-greffe.***

Alisier blanc

Sorbus aria (rosacées)
H 5-12 m mai-juin

Le duvet qui couvre les feuilles limite l'évaporation, ce qui permet à l'arbre de pousser dans des sols secs. Les fruits sont comestibles, mais fades et farineux. Autrefois, après séchage et mouture, on les mélangeait à la farine pour faire du pain. Ils étaient aussi utilisés pour produire du vinaigre.

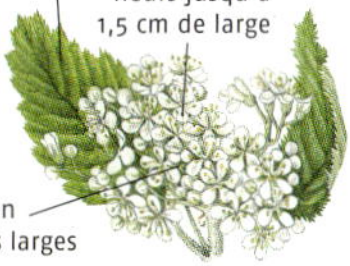

***Habitat** Indigène dans le centre et l'ouest de l'Europe, dans les bois, les fourrés secs, les rocailles. Les fruits sont souvent légèrement poilus.*

> ***Pousse lentement.***
> ***Souvent planté en alignement.***
> ***Il existe aussi une variété à fruits jaunes.***

Néflier

Mespilus germanica (rosacées)

H 3-6 m mai-juin

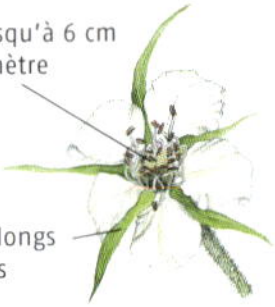

Habitat *Originaire de l'ouest de l'Asie. Dans le bassin méditerranéen depuis l'Antiquité. Ramené en Europe par les Romains. Fruit couronné par les restes*

- > ***Aujourd'hui rarement cultivé.***
- > ***Fruits à peine consommables crus.***
- > ***Bel arbre d'ornement.***

Au Moyen Âge, le néflier était largement cultivé dans nos régions. Il figurait parmi les espèces dont la culture était recommandée par Charlemagne. Amères et astringentes, les nèfles se consomment uniquement après blettissement. Utilisées comme additif dans le cidre de pommes ou de poires, elles en améliorent la conservation.

Néflier du Japon

Eriobotrya japonica (rosacées)

H 2-10 m oct.-févr.

Habitat *Originaire de l'est de l'Asie. Cultivé dans le bassin méditerranéen et le sud des Alpes. Inflorescences denses et laineuses.*

- > ***Souvent confondu avec le néflier à cause du nom.***
- > ***Assez rustique aussi en Europe centrale.***
- > ***Époque de floraison peu courante.***

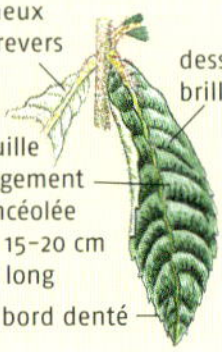

Bien mûres, les nèfles du Japon, également appelées bibaces (ou bibasses), sont sucrées et très parfumées. Les fruits non mûrs ont en revanche une saveur acide, souvent astringente. Les inflorescences et les jeunes pousses sont couvertes d'un duvet laineux.

Oranger

Citrus sinensis (rutacées)
H 5-8 m avr.-oct.

L'oranger, dont la culture a débuté au XVIe siècle, est arrivé dans le bassin méditerranéen bien plus tard que le citronnier qui était connu dès l'Antiquité. Ses fruits se consomment frais ou en jus. On extrait de la peau et des boutons floraux une huile essentielle utilisée en parfumerie. Les liqueurs d'orange contiennent souvent des extraits d'écorce d'orange amère, ou bigarade.

Habitat *Indigène en Chine. Cultivé dans le sud de l'Europe, planté en pot ailleurs. Fleurs blanc pur contrairement au citronnier.*

> ***Floraison très parfumée.***
> ***Maturité des fruits différente selon les variétés.***
> ***Rameaux parfois épineux.***

Le saviez-vous ?

La chair des oranges sanguines contient un colorant rouge qui ne se forme que si les nuits sont fraîches. Cultivées sous les tropiques, ces mêmes variétés ne donnent que des fruits orange.

Citronnier

Citrus limon (rutacées)

H 2-7 m   janv.-déc.

Le jus de citron est riche en vitamine C. En emmenant des citrons à bord, les marins se protégeaient ainsi du scorbut. Autrefois, le citron symbolisait la force vitale et était utilisé pour éloigner le mauvais œil et la peste.

Habitat *Originaire du sud-est de l'Asie. Cultivé dans le bassin méditerranéen, planté en pot ailleurs. Porte généralement beaucoup de fruits.*

> ***Fleurit et fructifie toute l'année.***
> ***Le jus de citron a une saveur acide.***
> ***Rameaux épineux.***

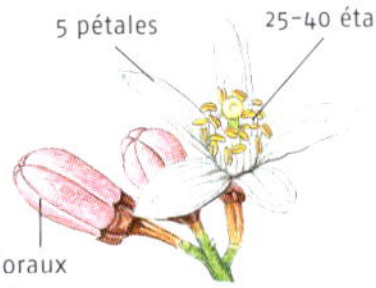

Nerprun purgatif

Rhamnus cathartica (rhamnacées)

H 2-6 m   mai-juin

Les fruits fournissent un colorant qui était autrefois utilisé comme pigment pour la peinture et pour teinter le cuir ou le papier. Selon le degré de maturité du fruit, on obtient diverses teintes allant du jaune au vert. Le vert, plus difficile à obtenir, est appelé « vert de vessie » ou « vert de Chine ».

Habitat *Pousse dans les haies et lisières de bois ensoleillées dans presque toute l'Europe. Les fruits sont groupés en bouquets denses.*

> ***Il existe des arbres mâles et femelles.***
> ***Feuilles opposées contrairement à la bourdaine (p. 70).***
> ***Toxique !***

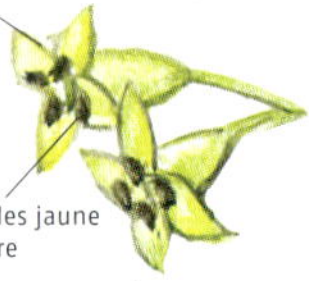

Houx commun

Ilex aquifolium (aquifoliacées)

H 2-8 m mai-juin

Le dimanche des Rameaux, dans certaines régions, les pratiquants apportent à l'église des branches de houx pour les faire bénir. Avec ses feuilles vertes et ses baies rouges, le houx est aussi très utilisé à Noël pour décorer la maison, surtout en Angleterre. Il symbolise la continuité de la vie pendant le repos hivernal. Toutes les parties de la plante sont toxiques : 20-30 baies suffisent à tuer un adulte.

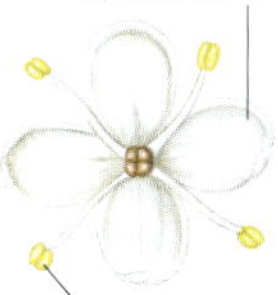

Habitat *Spontané dans les forêts de l'ouest de l'Europe à l'Allemagne, dans le bassin méditerranéen. Dans les parcs et les jardins. Les fruits persistent souvent sur les rameaux durant l'hiver.*

- ***Feuilles très piquantes.***
- ***Se développe en arbre ou en arbuste.***
- ***Il existe des arbres mâles et femelles.***

Le saviez-vous ?

Il existe de nombreuses variétés pour le jardin. En général, les plus prisées sont celles qui portent des feuilles non pas vertes, mais bordées ou panachées de teintes claires.

Tilleul à petites feuilles

Tilia cordata (tiliacées)

H 10-30 m juin-juill.

Habitat *Dans les forêts du centre et de l'ouest de l'Europe. Dans les parcs et les jardins de toute l'Europe. Les bractées se distinguent bien dans le feuillage.*

> ***Les fleurs très odorantes attirent les abeilles.***
> ***Fleurit environ 2 semaines après le tilleul à grandes feuilles.***
> ***Sensible au sel de déneigement.***

Les inflorescences fournissent une tisane calmante, qui fait également transpirer et lutte ainsi contre les refroidissements. Le bois tendre et homogène se travaille facilement et convient particulièrement à la sculpture. Tilman Riemenschneider, un sculpteur allemand du Moyen Âge, réalisa la plupart de ses œuvres en bois de tilleul.

Le saviez-vous ?

Les fibres fournies par l'écorce interne du tilleul étaient connues et utilisées depuis fort longtemps. Ötzi, la momie retrouvée dans un glacier et dont l'âge a été estimé à 5 300 ans, portait des chaussures et une cape en fibres de tilleul.

Tilleul à grandes feuilles

Tilia platyphyllos (tiliacées)

H 15–40 m juin

Le tilleul jouait un rôle important dans les croyances populaires de certains pays d'Europe. En Allemagne, où cet arbre est de caractère féminin, il était dédié à Frigga, la déesse du mariage. Au Moyen Âge, le tilleul du village était le centre de la vie publique. C'est dessous que la population faisait la fête et que les décisions de justice étaient rendues. Conscients de la valeur de ce patrimoine, certains se démènent aujourd'hui pour prolonger la vie de ces témoins du passé.

Habitat *Spontané dans le centre et le sud de l'Europe. Fréquemment planté dans les parcs, les rues et sur les places. Les fruits pendent en petit nombre sous la bractée.*

> ***Feuilles plus molles que celles du tilleul à petites feuilles.***
> ***Exige une forte hygrométrie.***
> ***Bel arbre, surtout quand il est isolé.***

Le saviez-vous ?

Les naturalistes ne déterminent pas les saisons d'après le calendrier mais selon le comportement des animaux et des plantes. Pour eux, la floraison du tilleul à grandes feuilles marque le début de l'été.

Tilleul argenté

Tilia tomentosa (tiliacées)
H 10-30 m   juill.

Habitat *Indigène dans le sud-ouest de l'Europe. Planté dans toute l'Europe dans les parcs et en alignement. Le revers clair des feuilles est caractéristique.*

> ***Pousse bien dans les rues revêtues d'asphalte.***
> ***Tolère la fumée et les gaz d'échappement.***
> ***Il existe une variété à port pleureur.***

On voit souvent des abeilles qui semblent faibles au pied des tilleuls argentés en fleurs. Le nectar de ces arbres contient en effet un glucide, le mannose, que les abeilles et les bourdons ne peuvent utiliser et qui peut les tuer. Il existerait une autre explication au phénomène : lorsque le tilleul argenté fleurit, les sources de nourriture se font rares pour ces insectes et ce nectar ne serait pas assez abondant pour tous les nourrir. Les fruits attachés à leur bractée sont emportés par le vent et tombent en tournoyant.

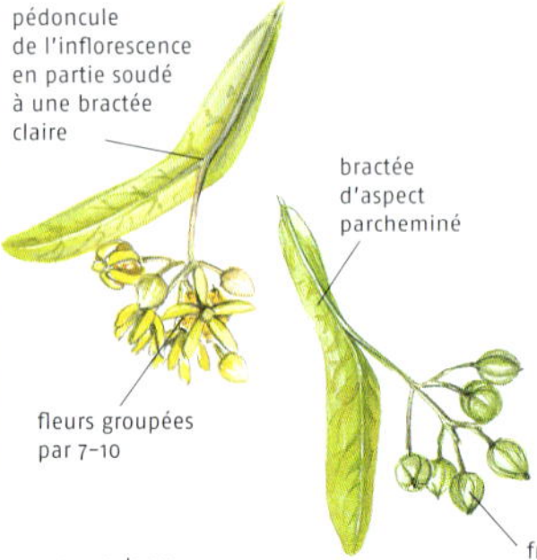

Le saviez-vous ?

Alors que les voitures stationnées sous d'autres tilleuls se couvrent de gouttelettes poisseuses, celles placées sous un tilleul argenté restent propres : ses feuilles duveteuses attirent en effet moins les pucerons, d'où une moindre sécrétion de miellat.

Arbre aux pochettes

Davidia involucrata (davidiacées)

H 15-20 m mai-juin

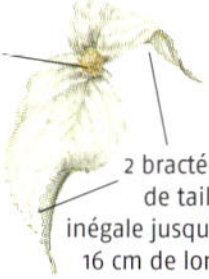

Sous l'effet du vent, les bractées blanches s'agitent évoquant une nuée de pigeons, ou des mouchoirs qui seraient accrochés aux branches. Le nom scientifique *Davidia* vient du missionnaire français Armand David, qui découvrit l'arbre en Chine au XIXe siècle.

Habitat *Indigène en Chine. En Europe, dans les parcs et les collections. Les inflorescences apparaissent en même temps que les feuilles.*

> ***A besoin d'hivers doux.***
> ***Fleurit pendant 2 semaines environ.***
> ***Également appelé « arbre aux mouchoirs ».***

Arbousier

Arbutus unedo (éricacées)

H 1,5-10 m oct.-mars

Bien que ses fruits ressemblent un peu à des fraises, sans en avoir l'arôme, l'arbousier n'a aucun lien de parenté avec le fraisier. Les fruits non mûrs sont farineux, ce qui est à l'origine du nom d'espèce, *unedo* signifiant « je n'en mange qu'un ». À maturité, ils sont juteux et aigre-doux. Au Portugal, ils sont distillés pour donner une boisson alcoolisée, le « *medronho* ».

Habitat *Dans le bassin méditerranéen, dans les bois de persistants et les garrigues. Sur la côte atlantique, jusqu'en Irlande. Les fleurs se remarquent en hiver.*

> ***Également appelé « arbre aux fraises ».***
> ***Pousse souvent avec la bruyère arborescente (p. 58).***
> ***Tolère bien l'ombre.***

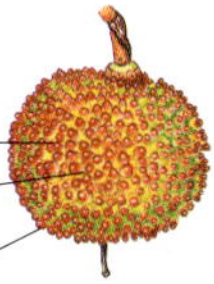

Peuplier blanc

Populus alba (salicacées)

H 15-30 m mars-avr.

Habitat *Spontané dans le centre et le sud de l'Europe, dans les forêts alluviales. Planté dans les gravières, le long des routes. Écorce gris pâle, souvent avec des crevasses en losange.*

> ***Le feuillage blanc argenté se remarque de loin, surtout par temps venteux.***
>
> ***Supporte aussi la sécheresse.***
>
> ***Résiste aux rejets gazeux industriels.***

Le peuplier blanc a besoin de beaucoup moins d'eau que le peuplier noir (p. 85). Il pousse sur les talus le long des routes ou sur les terrils, souvent sous forme d'arbuste. Dans ces conditions, il contribue à fixer le sol grâce à son système racinaire très étalé. L'arbre drageonne abondamment et pousse souvent en groupes.

Le saviez-vous ?

D'après la légende, le revers blanc des feuilles aurait été provoqué par la sueur d'Hercule. Celui-ci portait une couronne de peuplier blanc lorsqu'il remonta le terrible chien Cerbère des Enfers.

Chêne chevelu

Quercus cerris (fagacées)

H 20-30 m avr.

Le chêne chevelu s'accommode bien des terrains secs, pauvres, et résiste aux gaz d'échappement. Il est de ce fait aujourd'hui planté non seulement dans les parcs, mais aussi de plus en plus souvent le long des routes à grande circulation. Son bois dur est un bon combustible, mais il est aussi employé dans la construction.

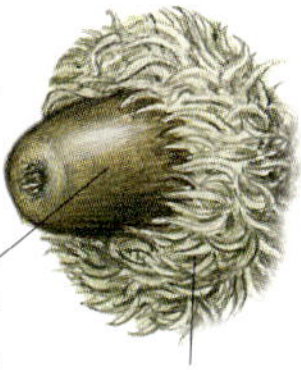

Habitat *Spontané dans le sud de l'Europe centrale et en Europe du Sud. Planté dans les parcs et le long des routes. Les cupules très écailleuses ne prêtent à aucune confusion.*

- ***Revers des feuilles finement feutré.***
- ***Silhouette pouvant faire penser à un chêne pédonculé (p. 122).***
- ***Les glands mûrissent en 2 ans.***

Chêne rouge d'Amérique

Quercus rubra (fagacées)

H 10-25 m mai

Habituellement les forêts de chênes sont riches en champignons. Mais chez nous, les plantations de chênes rouges d'Amérique n'en abritent que très peu. Planté en lisière de bois, il assure grâce à son enracinement profond une certaine protection contre les tempêtes.

Habitat *Originaire de l'est de l'Amérique du Nord. En Europe centrale, dans les parcs et les plantations forestières. Feuillage écarlate à orange clair en automne.*

- ***A besoin de beaucoup de lumière.***
- ***Pousse très vigoureusement les premières années.***
- ***Les glands mûrissent en 2 ans.***

Chêne pédonculé

Quercus robur (fagacées)

H 20-35 m avr.-mai

Habitat *Dans presque toute l'Europe. L'une des essences forestières les plus importantes en Europe centrale. Bois clair à l'extérieur du tronc, plus foncé au centre.*

> ***Il existe plusieurs variétés ornementales.***
> ***Peut vivre jusqu'à 1 000 ans.***
> ***Le bois fraîchement coupé a une odeur aigrelette.***

Le chêne est vénéré depuis très longtemps. Les Allemands le consacraient au dieu Donar et chez les Celtes, il était l'arbre sacré par excellence. Pour les chrétiens, il était également considéré comme sacré et volontiers planté sur les lieux de pèlerinage. L'arbre symbolise la force, le pouvoir, la paix et la croissance. En Allemagne, la feuille de chêne illustre les centimes d'euros tandis qu'en France, elle orne certaines décorations.

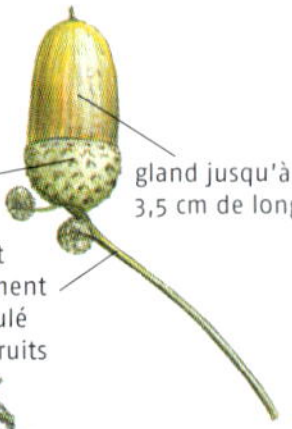

Le saviez-vous ?

Les feuilles de chêne produisent souvent de curieuses excroissances. Ces galles, dans lesquelles vivent une ou plusieurs larves, sont dues à divers insectes. Les scientifiques en ont répertorié plus de 100 espèces chez les chênes.

Chêne sessile

Quercus petraea (fagacées)

H 20-30 m avr.-mai

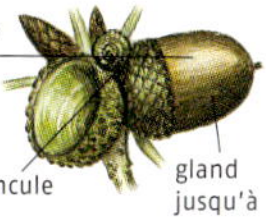

Dur et pratiquement imputrescible, le bois du chêne sessile (comme celui du chêne pédonculé) a longtemps été utilisé pour fournir des pieux pour les fondations. C'est ainsi que plusieurs édifices et centres historiques, comme Venise ou Amsterdam, reposent en grande partie sur des troncs de chêne. Le bois est également utilisé depuis longtemps pour fabriquer des traverses de chemin de fer.

Habitat *Spontané de l'Europe centrale à l'Asie Mineure, dans les plaines et les collines. Fréquent en plantation forestière. Feuilles brun-jaune en automne.*

> ***Fleurit 2 semaines après le chêne pédonculé.***
> ***Les feuilles mortes persistent souvent longtemps sur l'arbre.***
> ***Redoute l'eau stagnante.***

Chêne pubescent

Quercus pubescens (fagacées)

H 5-10 m avr.-mai

Lors de la dernière période glaciaire, le chêne pubescent était largement répandu dans les forêts d'Europe centrale. Avec le temps, il a été progressivement supplanté par d'autres arbres, avant tout par le hêtre commun (p. 60). En France, il reste cependant commun en plaine, sauf dans le Nord et en Bretagne.

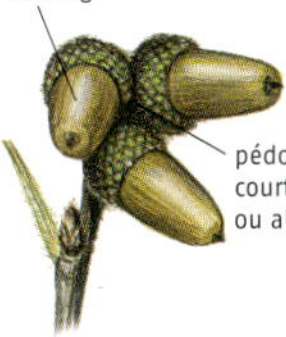

Habitat *Surtout dans le sud de l'Europe, dans les forêts sèches et chaudes. Feuilles nettement poilues au revers.*

> ***Port parfois arbustif.***
> ***Forme des forêts étendues dans le Midi.***
> ***A besoin de chaleur.***

Figuier

Ficus carica (moracées)

H 3-10 m   juin-sept.

Habitat *Planté dans toute l'Europe du Sud, parfois aussi subspontané. Les figues sont situées sur de courts pédoncules à l'aisselle des feuilles.*

> ***Démarre tardivement au printemps.***
> ***Contient du latex.***
> ***Souvent planté au pied des murs et des maisons.***

Les Assyriens cultivaient déjà le figuier il y a près de 5 000 ans. C'est, avec la vigne (p. 240) et l'olivier (p. 79), l'une des plus anciennes plantes cultivées. Dans l'Antiquité, la zone de culture s'étendait à tout le bassin méditerranéen. La figue est en fait un « faux fruit » : les vrais fruits sont les minuscules « grains » qui se trouvent à l'intérieur de la figue et qui croquent sous la dent quand on la mange.

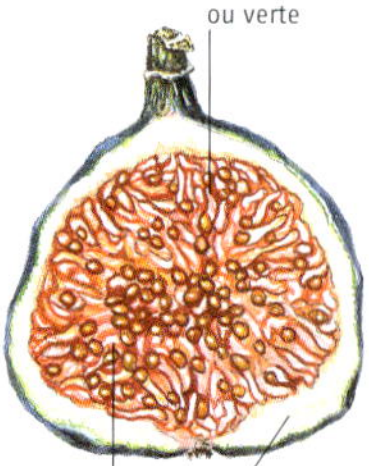

Le saviez-vous ?

La figue sèche est non seulement savoureuse, elle est aussi bonne pour la santé. Outre les sucres, elle contient du calcium, du potassium et du fer, stimulant ainsi la fabrication des globules rouges. Elle est aussi légèrement laxative.

Mûrier blanc

Morus alba (moracées)
H 6-15 m mai-juin

Ses feuilles constituent la nourriture de base des vers à soie, les chenilles du bombyx. Le cocon fabriqué par ces larves est constitué d'un fil de soie unique pouvant atteindre 3 500 m de long. Les Chinois élevaient déjà les vers à soie il y a plus de 3 000 ans, puis transportaient les étoffes vers l'Europe en empruntant la route de la soie. L'introduction d'œufs de bombyx en Europe au VIe siècle permit l'apparition d'une production locale, qui ne prit réellement son essor qu'à partir du XVIe siècle.

Habitat *Originaire de Chine. Cultivé dans les régions chaudes d'Europe et en partie naturalisé. Dans les parcs en Europe centrale. Les fruits mûrissent en juin.*

> ***Fruits au goût fade.***
> ***Convient à la formation de haies.***
> ***Il existe une variété à port pleureur et fruits noirs.***

Le saviez-vous ?

Parmi les très vieux mûriers qu'on trouve dans de nombreux villages de France, quelques-uns au moins ont été autrefois plantés dans le but d'obtenir un revenu complémentaire grâce à la soie.

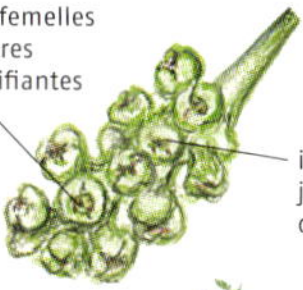

Mûrier à papier

Broussonetia papyrifera (moracées)

H 3-6 m mai

Habitat *Indigène en Chine et au Japon. Arbre d'ornement dans le sud de l'Europe, parfois naturalisé. Les fleurs femelles forment des amas globuleux.*

> ***Contient du latex.***
> ***Il existe des arbres mâles et femelles.***
> ***Exige des étés chauds et des hivers doux.***

C'est avec l'écorce de cet arbre que les Chinois fabriquèrent le premier papier au Ier siècle après J.-C. Ils en faisaient une pâte fibreuse qu'ils versaient sur un tamis en bambou. Après séchage, lissage et encollage, ils obtenaient des feuilles minces et résistantes. De nos jours, le véritable papier de mûrier ne se trouve plus que dans quelques magasins d'art manuel et de bricolage.

Sassafras

Sassafras albidum (lauracées)

H 10-18 m avr.-mai

Habitat *Indigène dans le nord-est de l'Amérique du Nord. En Europe dans les parcs. Les fleurs insignifiantes apparaissent en même temps que les feuilles.*

> ***Également appelé « laurier des Iroquois ».***
> ***Les diverses parties broyées ont une odeur épicée.***
> ***Feuillage jaune ou rouge en automne.***

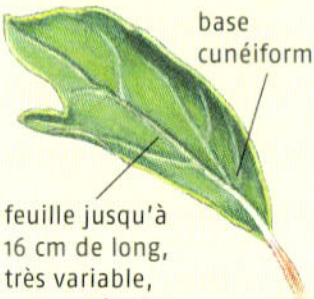

Chez les Indiens d'Amérique du Nord, le bois et l'écorce de ses racines odorantes étaient utilisés comme ersatz de tabac et pour aromatiser les boissons. En Europe, les racines et l'huile qui en est extraite étaient préconisées pour leur action diurétique. On sait aujourd'hui que leurs composés sont cancérigènes et qu'il vaut mieux les éviter.

Tulipier de Virginie

Liriodendron tulipifera (magnoliacées)

H 20-30 m   mai-juin

En Amérique du Nord, le tulipier de Virginie fait partie des essences forestières les plus importantes. Il fournit un bois clair, facile à travailler, qui donne un beau poli. Il est utilisé dans l'industrie pour fabriquer des barques et des meubles, et pour l'aménagement intérieur. Il y a 200 ans, dans les régions dont est originaire cet arbre, presque toutes les maisons de rondins étaient en bois de tulipier.

***Habitat** Originaire de l'est de l'Amérique du Nord. En Europe dans les parcs. Les fleurs ressemblent à des tulipes.*

> ***Feuillage jaune d'or éclatant en automne.***
> ***Feuilles faciles à identifier.***
> ***Peut vivre 700 ans.***

Le saviez-vous ?

Liriodendron *signifie curieusement « arbre aux lis ». Carl von Linné, qui nomma ainsi l'arbre au* XVIIIe *siècle, trouvait que ses grandes fleurs solitaires ressemblaient à des lis, alors que le nom commun les associe à des tulipes.*

Platane

Platanus x *hispanica* (platanacées)

H 10–35 m   mai

Habitat *Inconnu dans la nature, probablement né en Europe d'un croisement entre le platane d'Orient et celui d'Amérique. Fréquent dans les parcs et en alignement. L'écorce s'écaille en grandes plaques fines.*

> ***Feuilles alternes contrairement à l'érable.***
> ***Résistant à l'air pollué.***
> ***Croissance très vigoureuse.***

Dans un sol suffisamment humide, le platane peut vivre jusqu'à 400 ans. Il tolère cependant aussi les sols secs et le climat urbain. En ville, les platanes sont fréquemment atteints par un champignon qui pénètre par les plaies de taille et fait dépérir une partie de la couronne, voire l'arbre entier. Par précaution, les arbres sont souvent abattus dès que leurs branches épaisses commencent à montrer des signes de fragilité.

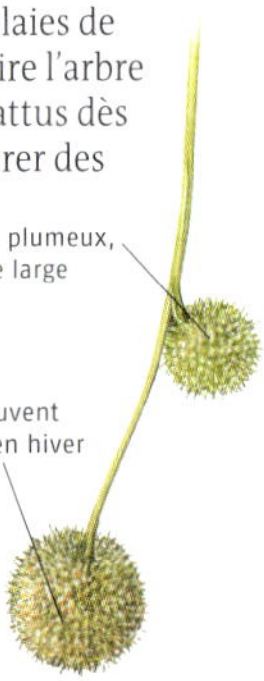

Le saviez-vous ?

Le platane supporte bien la taille, d'où son usage fréquent en alignement. On trouve des arbres à la silhouette déformée à force de coupes répétées, en particulier dans les villes du Midi.

Liquidambar

Liquidambar styraciflua (hamamélidacées)

H 10–25 m   mai

Cela ne fait qu'une centaine d'années que l'industrie du meuble s'intéresse au bois brun-rouge, dur et dense du liquidambar. Le bois du « noyer satiné » peut remplacer le vrai noyer et fait maintenant partie des essences les plus employées pour l'ameublement. L'écorce incisée fournit le « styrax », une résine liquide odorante qui était autrefois utilisée pour fabriquer du chewing-gum.

Habitat *Indigène dans le sud-est des États-Unis. En Europe dans les parcs, les jardins et en alignement. Teintes d'automne rouge foncé, orange ou jaunes.*

> ***Feuilles alternes.***
> ***Également appelé « copalme d'Amérique » et « noyer satiné ».***
> ***Fruits persistant souvent en hiver.***

Épine rouge

Crataegus laevigata 'Paul's Scarlett' (rosacées)

H 2–8 m   mai-juin

L'épine rouge est une variété issue de l'épine blanche (p. 221), apparue au XIXe siècle. Sa petite couronne et sa floraison abondante en ont fait rapidement l'un des arbres d'alignement les plus prisés. Il faut cependant supprimer régulièrement les nombreuses pousses sauvages qui se développent sur le tronc. L'arbre est également sensible aux pucerons.

Habitat *Variété horticole surtout utilisée en alignement, plus rarement dans les parcs et les jardins. La floraison est particulièrement remarquable.*

> ***Également appelée « aubépine épineuse à fleurs rouges ».***
> ***Ne produit généralement aucun fruit.***
> ***Rameaux épineux.***

Alisier torminal

Sorbus torminalis (rosacées)
H 5-20 m   mai-juin

__Habitat__ Pousse sur les versants chauds dans le sud et le centre de l'Europe. Planté en lisière des forêts. Feuillage jaune, brun-rouge ou rouge vif en automne.

> ***Reste arbustif sur les terrains rocailleux.***
> ***Enracinement profond.***
> ***Exige beaucoup de chaleur.***

Le bois dur de l'alisier torminal est l'un des bois indigènes les plus chers. Sous le nom de « poirier suisse », il est employé pour la fabrication d'instruments de mesure et de placages décoratifs brun-rouge. Les fruits riches en tannins sont astringents et étaient autrefois utilisés pour calmer les coliques.

Alisier de Mougeot

Sorbus mougeotii (rosacées)
H 8-20 m   juin

__Habitat__ Spontané dans les montagnes du sud, du centre et de l'ouest de l'Europe. En automne, les fruits rouge brillant se détachent bien sur le feuillage.

> ***Revers des feuilles feutré de blanc.***
> ***La silhouette rappelle celle de l'alisier blanc (p. 111).***
> ***A besoin de beaucoup de soleil.***

Cet arbre aux belles teintes d'automne se rencontre fréquemment dans les Vosges. Il s'agit en fait d'un hybride spontané entre l'alisier blanc (p. 111) et le sorbier des oiseleurs (p. 141). Comme chez l'alisier de Suède, ses fruits sont comestibles après cuisson, mais ne sont guère savoureux.

Alisier de Suède

Sorbus intermedia (rosacées)
H 12-15 m mai

Comme l'alisier de Mougeot, cet arbre est considéré comme un hybride naturel. Apparu en Scandinavie après la dernière glaciation, il est probablement issu d'un croisement entre l'alisier blanc (p. 111), le sorbier des oiseleurs (p. 141) et l'alisier torminal (p. 130). Il produit des graines sans fécondation, conservant ainsi le patrimoine génétique du parent.

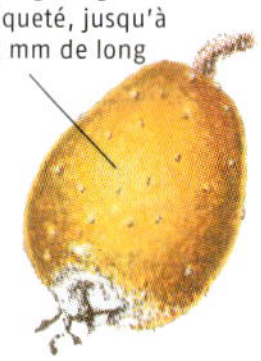

Habitat *Indigène en Scandinavie et autour de la mer Baltique. En Europe centrale, dans les parcs et en alignement. Les feuilles ressemblent un peu à celles d'un chêne.*

> ***Revers des feuilles fortement feutré de gris.***
> ***Peu exigeant et très robuste.***
> ***Fréquemment planté.***

Érable sycomore

Acer pseudoplatanus (acéracées)
H 25-30 m mai

Le bois de cet arbre est l'un des plus précieux parmi les feuillus de nos forêts. Très clair et homogène, il offre un beau poli et se teint facilement. Il est utilisé pour l'ameublement et la parqueterie. Les facteurs d'instrument l'apprécient pour fabriquer les flûtes et les bassons, ainsi que la caisse de résonance des instruments à cordes.

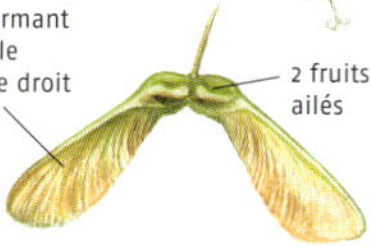

Habitat *Indigène dans les forêts de montagnes et de ravins dans le centre et le sud-est de l'Europe. Fréquent dans les parcs et en alignement. Les fruits mûrs persistent souvent longtemps sur l'arbre.*

> ***Feuilles opposées.***
> ***Les fleurs apparaissent en même temps que les feuilles.***
> ***Espèce de mi-ombre, exigeante en humidité.***

Érable plane

Acer platanoides (acéracées)

H 15-25 m avr.-mai

Le nom de genre des érables vient du latin *acer*, qui signifie « dur », « tenace », en référence aux propriétés du bois. Le mot dérive aussi de la racine indo-européenne *ak*, « pointu », « aigu ». À la fin du XVIIIe siècle, en Allemagne, le sucre de canne étant devenu très cher, on essaya de recueillir la sève de l'érable plane qui contient 3-4 % de sucre. Ces tentatives furent finalement supplantées par le développement de la culture de la betterave à sucre.

Habitat *Spontané dans les forêts d'Europe, d'Asie Mineure et du Caucase. Planté dans les parcs, les jardins et en alignement. Feuilles jaune d'or à rouges en automne.*

> ***Feuilles opposées.***
> ***Fleurit avant la feuillaison, la couronne se teintant alors de jaune-vert.***
> ***Il existe une variété ornementale à feuillage rouge sombre.***

Le saviez-vous ?

Les érables de nos forêts ont souvent des taches noires sur les feuilles. Il s'agit d'une maladie due à un champignon. Si elle affecte l'aspect des feuilles, elle n'entrave pas la croissance de l'arbre.

Érable champêtre

Acer campestre (acéracées)

H 5–15 m mai-juin

Quel enfant ne s'est jamais amusé à se mettre un fruit d'érable sur le nez, après avoir légèrement fendu l'extrémité de chaque moitié ? Grâce à leurs ailes, les fruits mûrs tournoient dans l'air comme des pales d'hélicoptères, augmentant ainsi leur rayon de dissémination.

Habitat *Surtout dans les bois et bosquets du centre de l'Europe. Planté dans les parcs et les jardins. Troncs et rameaux à l'écorce souvent nettement fissurée.*

> ***Feuilles opposées.***
> ***Forme parfois un arbuste dense.***
> ***Également appelé « acéraille ».***

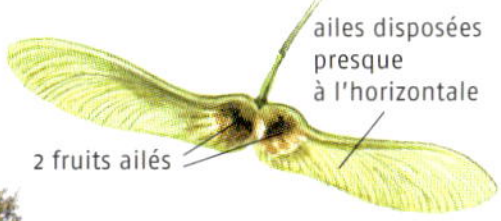

Érable de Montpellier

Acer monspessulanum (acéracées)

H 5–11 m avr.-mai

D'après l'*Iliade* d'Homère, le cheval de Troie bâti par les Grecs était en bois d'érable. Peut-être s'agissait-il de l'érable de Montpellier ou de l'érable plane. Tous deux sont en effet originaires d'Asie Mineure. Aujourd'hui, on trouve souvent cet érable à proximité des châteaux forts le long du Rhin, de la Moselle et du Main, ce qui laisse penser qu'il était jadis planté dans leurs jardins.

Habitat *Indigène dans le sud de l'Europe et l'ouest de l'Asie. Planté surtout dans les haies. En situation ensoleillée, les fruits ailés prennent une teinte rouge.*

> ***Feuilles opposées.***
> ***Reste souvent arbustif.***
> ***Appelé localement « agas » ou « azerou ».***

Érable à feuilles d'obier

Acer opalus (acéracées)

H 8-15 m   mars-avr.

***Habitat** Indigène dans les forêts montagneuses du sud-ouest de l'Europe. En Europe centrale, dans les parcs et les jardins. Les ailes des fruits forment un angle droit ou aigu.*

> **Feuilles opposées.**
> **Accommodant vis-à-vis du sol.**
> ***Également appelé « érable d'Italie ».***

En France, cet érable ne monte pas plus au nord que la Bourgogne. Il a besoin de chaleur et redoute les hivers rigoureux. Par contre, il est peu exigeant sur la nature du sol. Si le climat lui convient, il devient un bel arbre d'ornement.

Érable du Japon

Acer palmatum (acéracées)

H 2-4 m   mai

***Habitat** Originaire du Japon et de la Corée. Arbre d'ornement très prisé dans les parcs et les jardins. Le feuillage est teinté de rouge chez de nombreuses variétés.*

> **Feuilles opposées.**
> **Forme des feuilles très variable.**
> **Nombreuses variétés horticoles, certaines arbustives.**

Les variétés d'érables du Japon comptent parmi les arbres les plus prisés pour l'ornement des jardins. Les jardiniers privilégient souvent les formes à petit développement, avec des feuilles très découpées ou des silhouettes insolites. Planté isolé à l'entrée du jardin, un tel arbre ne manque pas d'attirer le regard.

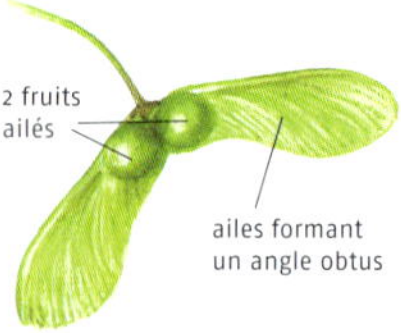

Érable argenté

Acer saccharinum (acéracées)

H 15-20 m mars

L'érable argenté pousse avec vigueur et prend déjà en quelques années une belle silhouette, ce qui en fait une espèce très appréciée des jardiniers. Cependant, il vit tout au plus 125 ans, devenant très cassant avec l'âge. Les arbres plantés dans les lieux publics exigent d'ailleurs des contrôles réguliers. Comparé aux autres érables, le bois léger et assez tendre est de moins bonne qualité.

Habitat *Originaire de l'est des États-Unis. En Europe, souvent dans les espaces verts, les parcs, les jardins. Quand les feuilles sortent, les rameaux portent déjà des jeunes fruits.*

> ***Feuilles opposées.***
> ***Fruits mûrs en juin.***
> ***Supporte l'air pollué.***

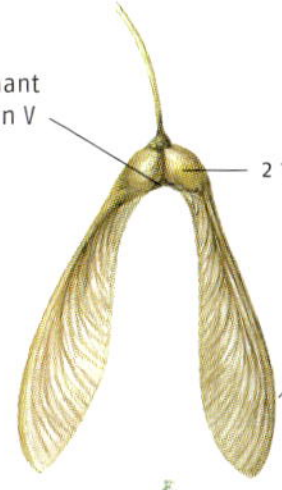

Le saviez-vous ?

Saccharinum *dérive du latin* saccharum *qui signifie « sucre ». La sève recueillie au printemps peut donner du sucre, cependant l'érable argenté est moins productif que l'érable à sucre (p. 136).*

Érable à sucre

Acer saccharum (acéracées)

H 10-15 m avr.-mai

Habitat *Indigène dans l'est de l'Amérique du Nord. En Europe, parfois en arbre d'ornement. Les feuilles virent au jaune et au rouge écarlate en automne.*

> **Feuilles opposées.**
> **Revers des feuilles vert clair ou blanchâtre.**
> **La feuille figure sur le drapeau canadien.**

En Amérique du Nord, on perce au printemps les troncs des érables à sucre sur 5 cm environ afin de recueillir la sève liquide qui contient de 5 à 7 % de sucre. Mise à bouillir sur un feu de bois, celle-ci donne du sirop ou du sucre d'érable. Ces derniers font partie des aliments sucrés les meilleurs pour la santé, car ils sont riches en minéraux.

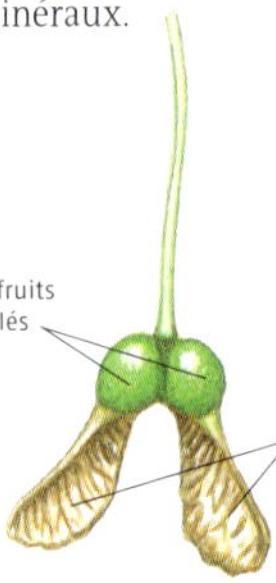

Catalpa jaune

Catalpa ovata (bignoniacées)

H 3-15 m juill.

Habitat *Originaire de l'ouest de la Chine. Dans le sud et le centre de l'Europe, planté dans les parcs et les jardins. Se remarque en automne par ses longues gousses pendantes.*

> **Redoute les fortes gelées. Fruit jusqu'à 40 cm de long et 8 mm de large, rappelant un cigarillo.**
> **Feuilles parfois aussi non lobées.**

Les Japonais plantent fréquemment le catalpa jaune pour son aspect ornemental. Chez nous, il est plus rare que le catalpa commun (p. 78). À l'état spontané, on ne trouve plus aujourd'hui les catalpas qu'en Asie et en Amérique du Nord. Plusieurs espèces vivaient en Europe au Tertiaire (jusqu'à il y a 2 millions d'années), mais elles furent décimées par le froid au cours des périodes glaciaires.

Noyer commun

Juglans regia (juglandacées)

H 15-25 m mai

Introduit en Europe centrale par les Romains, le noyer commun est de nos jours essentiellement cultivé pour ses fruits savoureux et riches en huile. Les vieux arbres sont parfois plantés tout près des habitations, car on croyait autrefois qu'ils éloignaient mouches et moustiques. Le sol souvent nu au pied des noyers est dû surtout à des substances produites par l'arbre qui inhibent le développement de nombreuses plantes.

Habitat *Originaire d'Asie et de l'est du bassin méditerranéen. Planté dans les régions plus chaudes d'Europe. La coque verte s'ouvre alors que le fruit est encore sur l'arbre.*

- > ***Souvent planté en isolé.***
- > ***Fournit un bois prisé pour l'ameublement.***
- > ***Nombreuses variétés à noix de différentes grosseurs.***

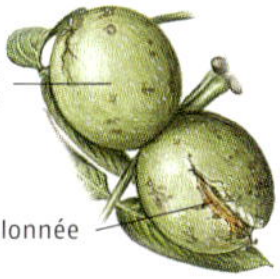

Le saviez-vous ?

Le jus frais – brou de noix –, qui exsude des feuilles ou de la coque, colore la peau en brun-jaune de manière intensive et durable. Certains produits solaires bronzants en contiennent des extraits.

Noyer noir

Juglans nigra (juglandacées)

H 15–30 m mai

Habitat *Indigène dans l'est des États-Unis. En Europe, arbre d'ornement dans les parcs et les espaces verts. La coque verte est très difficile à casser.*

- ***Coque verte indéhiscente.***
- ***Également appelé « noyer d'Amérique ».***
- ***Convient uniquement pour de grands parcs.***

Les noyers noirs produisent, comme les noyers communs (p. 137), des noix savoureuses et riches en huile. Elles ont cependant deux inconvénients : elles sont enfermées dans un brou dur comme du bois et rancissent vite. Le bois brun-noir, dur et dense, est prisé en Amérique du Nord pour le placage et l'ébénisterie.

Ptérocarya du Caucase

Pterocarya fraxinifolia (juglandacées)

H 10–20 m avr.–mai

Habitat *Spontané du Caucase au nord de l'Iran. En Europe centrale dans les parcs. L'arbre se distingue surtout par ses longues infrutescences.*

- ***Sujets isolés souvent très pittoresques.***
- ***Rejette fréquemment de souche.***
- ***Feuillage jaune en automne.***

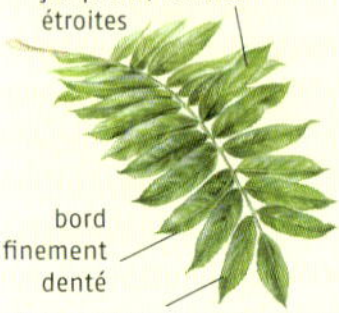

Dans son aire naturelle, cet arbre pousse dans les forêts alluviales le long des rivières. Chez nous, il se plaît également dans un sol humide à proximité de pièces d'eau. Il supporte cependant aussi la chaleur et le climat urbain. Le bois joliment veiné est commercialisé sous le nom de « noyer du Caucase ».

Noyer blanc d'Amérique

Carya ovata (juglandacées)

H 20–25 m mai

Cet arbre, également appelé « hickory », produit de savoureuses noix appréciées aux États-Unis, sans atteindre cependant la notoriété des noix de pécan (voir encadré). La coque mince, presque membraneuse chez certaines variétés, qui entoure la noix se casse facilement. L'arbre présente également un intérêt pour l'industrie forestière : le bois de hickory est à la fois très dur et élastique. Il est utilisé dans la fabrication de rayons et d'articles de sport.

Habitat *Indigène dans l'est de l'Amérique du Nord. Dans le sud et le centre de l'Europe, dans les parcs. Écorce fissurée, s'écaillant en lanières étroites.*

> ***Le feuillage froissé dégage une odeur aromatique.***
> ***Feuillage jaune d'or en automne.***
> ***A besoin de chaleur.***

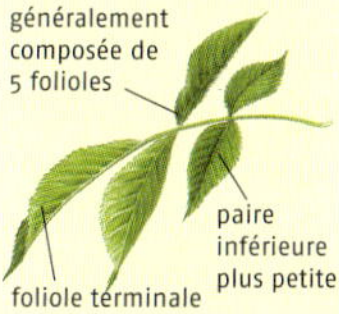

Le saviez-vous ?

Le noyer de pécan (Carya illinoinensis)*, une espèce proche, produit des noix délicieuses et nourrissantes. Autrefois, chez les Indiens, elles constituaient une denrée importante pour l'hiver. C'était aussi le seul produit frais que les astronautes des vols* Apollo *avaient le droit de manger.*

Sorbier hybride

Sorbus x *hybrida* (rosacées)

H 7-10 m   mai-juin

Habitat *Indigène dans le sud de la Scandinavie. En Europe centrale, dans les parcs et en alignement. Les bouquets de fleurs peuvent atteindre 10 cm de large.*

- ***Feuilles feutrées de gris au revers.***
- ***Fruits comestibles après cuisson, farineux et aigrelets.***
- ***Souvent cultivé sur un tronc haut.***

Les caractères du sorbier hybride se situent entre ceux de l'alisier blanc (p. 111) et ceux du sorbier des oiseleurs (p. 141). Cet arbre se reconnaît surtout à ses feuilles. Il a été décrit pour la première fois en 1762 et est considéré comme un croisement entre les deux espèces susnommées. Son pollen est stérile, mais l'arbre produit cependant des graines sans fécondation.

Cormier

Sorbus domestica (rosacées)

H 10-20 m   mai-juin

Habitat *Spontané dans le sud de l'Europe centrale et en Europe du Sud. Planté et naturalisé dans les régions où pousse la vigne. Les fruits ressemblent à de petites poires ou pommes.*

- ***Utilisé comme ingrédient dans les cidres de pomme ou de poire.***
- ***Considéré comme l'un des plus anciens arbres fruitiers.***
- ***Devenu rare aujourd'hui.***

Celui qui décide un jour de mordre dans une « corme » n'est pas prêt de l'oublier : sa chair est si astringente qu'elle provoque généralement le rejet immédiat. Elle laisse dans la bouche une sensation râpeuse persistante, un peu comme celle provoquée par une anesthésie, accompagnée d'une légère constriction de la gorge.

Sorbier des oiseleurs

Sorbus aucuparia (rosacées)
H 5-15 m   mai-juin

L'hiver, les oiseaux mangent les fruits de cet arbre, également appelé « sorbier des oiseaux ». Ils ne digèrent pas les graines et les rejettent, assurant ainsi leur dissémination. Dans l'Antiquité, les oiseleurs attiraient déjà leurs proies avec ces fruits. Ceux-ci, riches en vitamine C, mais immangeables crus, sont parfois distillés ou cuits pour faire de la gelée.

Habitat *Spontané dans presque toute l'Europe, dans les forêts, les rocailles. Fréquent dans les parcs et les jardins. Les fruits remarquables attirent les oiseaux.*

- ***Les beaux sujets se trouvent surtout en montagne.***
- ***Fleurs à odeur désagréable.***
- ***Fruit comestible après cuisson.***

Le saviez-vous ?

Pour faire de la compote ou de l'eau-de-vie, cela vaut la peine de planter dans le verger la variété 'Edulis', encore appelée 'Dulcis' ou 'Moravica'. Ses fruits sucrés ont moins d'amertume et peuvent être consommés sans cuisson.

Mimosa d'hiver

Acacia dealbata (mimosacées)

H 4-15 m janv.-avr.

Habitat *Spontané dans le sud-est de l'Australie et en Tasmanie. Fréquemment planté dans le bassin méditerranéen. Les petits glomérules sont groupés en panicules touffues.*

- > ***Persistant.***
- > ***Supporte la sécheresse.***
- > ***Rameaux fleuris commercialisés en fin d'hiver.***

feuille bipennée

glandes à la base des folioles

Fréquemment planté en région méditerranéenne, le mimosa d'hiver, également appelé « mimosa argenté », sert pour l'ornement, mais aussi pour la protection contre le vent et l'érosion. Il s'accommode des sols pauvres grâce à ses racines dont les nodosités contiennent des bactéries capables de fixer l'azote de l'air. Plus de la moitié des quelque 700 espèces du genre *Acacia* sont originaires d'Australie – à ne pas confondre avec l'arbre appelé chez nous « acacia » et qui est en fait un robinier (p. 147).

fleurs jaunes en glomérules jusqu'à 6 mm de diamètre

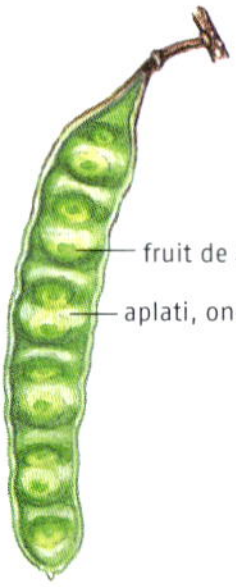

fruit de 4-10 cm de long

aplati, ondulé

couronne lâche souvent irrégulière

Le saviez-vous ?

Le mimosa est parfois attaqué par des cochenilles. Ces insectes produisent une substance résineuse qui donne de la gomme-laque. Celle-ci servait autrefois à fabriquer les disques phonographiques à larges sillons. Aujourd'hui, on l'utilise pour la restauration des meubles et comme additif alimentaire.

Arbre à soie

Albizia julibrissin (mimosacées)

H 5–15 m mai–sept.

Les inflorescences de cet arbre sont si délicates qu'elles semblent faites en soie. Ce sont les fines étamines qui sont réunies pour former ces toupets remarquables. Les petites folioles des feuilles sont « articulées » et se referment à la verticale durant la nuit.

Habitat *Indigène de l'ancienne Perse à la Chine centrale. Planté pour l'ornement en région méditerranéenne. Les inflorescences sont dressées.*

> ***Les graines conservent longtemps leur pouvoir de germination.***
> ***Également appelé « acacia de Constantinople ».***
> ***Approprié aux situations chaudes et sèches.***

Févier d'Amérique

Gleditsia triacanthos (fabacées)

H 15–20 m juin–juill.

Les longues gousses pendantes brun-rouge demeurent souvent sur l'arbre un long moment pendant l'hiver. Les graines torréfiées fournissaient aux colons américains un ersatz de café et les fruits réduits en bouillie donnaient une sorte de bière. De nos jours, ces arbres peu exigeants, qui supportent les gaz d'échappement, sont souvent plantés au cœur des grandes villes.

Habitat *Originaire d'Amérique du Nord. En Europe dans les parcs, les jardins et en alignement. Le tronc et les rameaux portent des épines ramifiées.*

> ***Feuilles pennées ou bipennées.***
> ***Feuillage jaune en début d'automne.***
> ***Il existe une variété sans épines.***

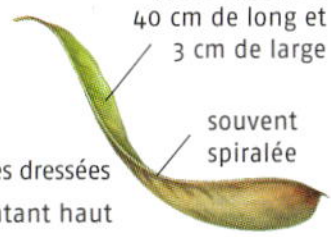

Caroubier

Ceratonia siliqua (fabacées)

H 4-10 m août-oct.

Le caroubier est également appelé « pain de saint Jean-Baptiste » car ce dernier se serait nourri de graines de caroubes (et de sauterelles) dans le désert. La caroube contient 30-50 % de sucre. Les gousses torréfiées donnent un substitut de cacao. La gomme de caroube est utilisée dans l'industrie alimentaire, sous la dénomination « E 410 », pour épaissir les glaces, les soupes, les yaourts et les biscuits.

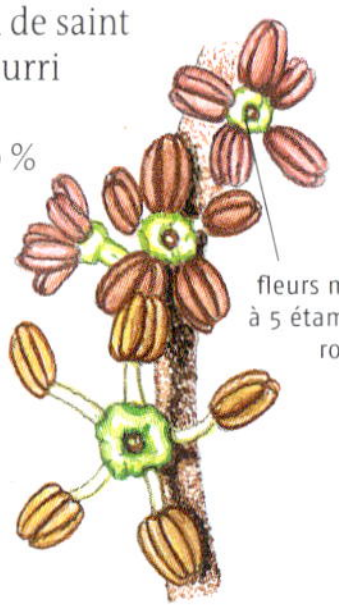

Habitat *Dans le bassin méditerranéen, dans les forêts de persistants et les garrigues, dans les rocailles ou en culture. Les fleurs jaillissent directement du tronc.*

> ***Provient à l'origine du sud de l'Asie.***
> ***Les vieux arbres ont souvent un aspect bizarre.***
> ***Il existe des arbres mâles et femelles.***

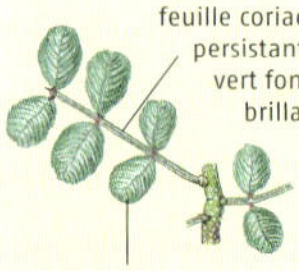

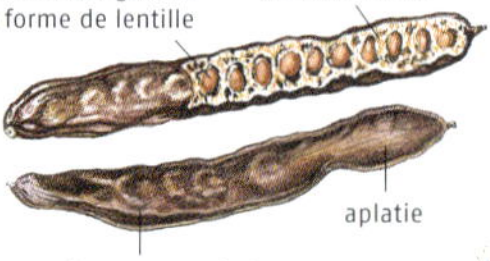

Le saviez-vous ?

Les graines mûres pèsent toujours 0,2 g et servaient autrefois d'unité de mesure pour l'or et les pierres précieuses, sous le nom de « carat ». De nos jours, le carat sert toujours à évaluer le poids des pierres précieuses – pour l'or, il indique le degré de pureté.

Sophora du Japon

Sophora japonica (fabacées)
H 12-20 m août-sept.

On extrait des fleurs du sophora du Japon une substance qui est utilisée pour améliorer la circulation du sang en cas de problèmes veineux. Outre les fleurs, la médecine chinoise traditionnelle utilisait aussi l'écorce et les graines pour des préparations spécifiques. Les fruits sont toxiques mais rares dans nos régions.

Habitat *Originaire du nord de la Chine et de Corée. En Europe, dans les parcs, en alignement et sur les places. Les fruits pendent en chapelets sous les rameaux.*

> ***Se distingue par sa floraison tardive et ses fleurs voyantes.***
> ***Fait penser à un robinier (p. 147), mais n'a pas d'épines.***
> ***Toxique !***

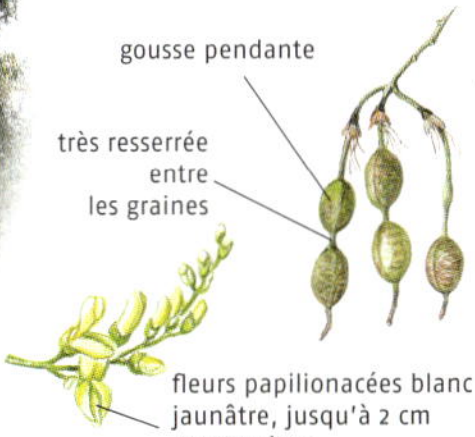

Virgilier

Cladrastis lutea (fabacées)
H 8-15 m mai-juin

Les colons américains faisaient autrefois bouillir le bois pour en extraire une teinture jaune qu'ils utilisaient pour teindre les étoffes. La nature cassante des rameaux est à l'origine du nom de genre *Cladrastis* : en grec, *klados* signifie « rameau » et *rhaio*, « casser ». C'est pourquoi il faut planter les virgiliers uniquement dans des endroits protégés du vent.

Habitat *Originaire de l'est de l'Amérique du Nord. En Europe, dans les parcs. Les gousses pendent entre les grandes feuilles.*

> ***Feuilles rappelant celles du frêne (p. 154), mais alternes.***
> ***Floraison odorante.***
> ***Ne fleurit pas chaque année.***

Cytise

Laburnum anagyroides (fabacées)

H 5-7 m mai-juin

***Habitat** Indigène dans le sud de l'Europe. En Europe centrale, dans les parcs et les jardins, parfois subspontané. Fleurs jaunes en grosses grappes pendantes.*

> ***Se développe en arbre ou en arbuste.***
> ***Assez exigeant en lumière et en chaleur.***
> ***Également appelé « aubour » ou « faux ébénier ».***

L'arbre craque souvent durant les chaudes journées d'été. Il s'agit en fait du bruit émis par le fruit quand il s'ouvre. Toutes les parties de l'arbre sont très toxiques. Les lambeaux d'écorce et les fruits ont une légère odeur de petits pois qui peut donner envie, en particulier aux enfants, de les goûter. L'ingestion provoque vomissements, vertiges, convulsions, paralysies, arrêt respiratoire, puis décès.

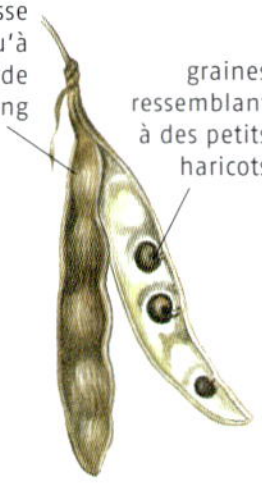

Le saviez-vous ?

Le bois brun-jaune à brun foncé, très dur, présente une jolie veinure. Autrefois, il était utilisé pour fabriquer des instruments de musique, des arcs d'arbalète et pour le tournage.

Robinier

Robinia pseudoacacia (fabacées)

H 10-25 m   mai-juin

Les racines du robinier portent des petites nodosités qui abritent des bactéries capables de fixer l'azote de l'air, permettant ainsi à l'arbre de pousser dans des sols très pauvres. L'arbre est souvent appelé « acacia » ou « faux acacia », ce qui peut prêter à confusion avec les arbres du genre *Acacia* (p. 142). Les fleurs riches en nectar attirent les abeilles. Pour produire 1 kg de miel d'acacia, celles-ci doivent visiter environ 1 600 000 fleurs.

***Habitat** Originaire d'Amérique du Nord. Fréquemment planté en alignement, dans les parcs, sur les talus. Les fleurs sont groupées en grosses inflorescences blanches.*

> **Très toxique !**
> **Les fleurs dégagent une odeur agréable suave.**
> **Folioles inclinées vers le bas la nuit.**

Le saviez-vous ?

*Le robinier visqueux (*Robinia viscosa*) est une espèce à fleurs roses également originaire d'Amérique du Nord, qui a des pousses, des pétioles et des fruits collants.*

Arbre au liège de l'Amour

Phellodendron amurense (rutacées)

H 10-15 m juin

Habitat *Originaire de l'est de l'Asie, en particulier de la région du fleuve Amour. En Europe, parfois dans les parcs. Fruits jusqu'à 1 cm de diamètre, en bouquets.*

- > ***Feuilles opposées.***
- > ***Se plaît dans un sol légèrement humide.***
- > ***Les fruits écrasés sentent la térébenthine.***

Cet arbre est, après le chêne-liège (p. 93), le plus gros fournisseur de liège, un matériau particulièrement prisé pour ses propriétés isolantes. En médecine chinoise, il est à la base de préparations spécifiques et fait partie des principaux remèdes traditionnels. Les thérapeutes expérimentés les prescrivent pour un grand nombre de maladies.

Faux-vernis du Japon

Ailanthus altissima (simaroubacées)

H 20-25 m juin-juill.

Habitat *Indigène en Chine. En Europe centrale, dans les parcs et les jardins, parfois subspontané. Fructifie généralement en abondance.*

- > ***Les feuilles ont une odeur désagréable, rappelant le caoutchouc.***
- > ***Souvent avec plusieurs troncs ou des rejets à la base.***
- > ***Ne vit que 50-60 ans.***

Le faux-vernis du Japon, ou « ailante », supporte la sécheresse, la fumée et les gaz d'échappement. Il est très utilisé pour le reboisement dans les régions de steppes. En Allemagne, il s'est largement propagé dans les ruines des villes détruites par la dernière guerre. On trouve encore aujourd'hui de nombreux sujets dans les friches urbaines.

Sumac de Virginie

Rhus typhina (anacardiacées)
H 4-8 m   juin-juill.

Les Indiens d'Amérique du Nord utilisaient le sumac de Virginie pour le tannage du cuir et la teinture. Les rameaux, faciles à évider, servaient à fabriquer des sifflets et les colons blancs en faisaient des tuyaux pour récupérer la sève des érables à sucre (p. 136). Les fruits au goût aigrelet donnaient une sorte de limonade. Il existe aussi des variétés décoratives à feuilles laciniées.

fleurs mâles en panicule denses

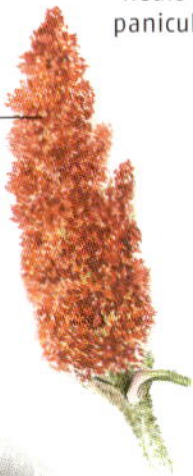

infrutescence rouge dressée

Habitat *Originaire de l'est de l'Amérique du Nord. En Europe, dans les parcs et les jardins, naturalisé dans les terrains en friche. Feuillage orange à rouge en automne.*

- ***Également appelé « vinaigrier ».***
- ***Il existe des arbres mâles et femelles.***
- ***Les infrutescences persistent tout l'hiver.***

feuille imparipennée comptant jusqu'à 31 folioles

longuement pointue

poils sur les deux faces, nombreux au début puis épars

silhouette large formant un arbre ou un arbuste

un ou plusieurs troncs

couronne peu ramifiée, mais à branches épaisses

jeunes rameaux densément poilus

Le saviez-vous ?

*Le tronc blessé exsude une sève visqueuse. Le vernis du Japon (*Rhus verniciflua*), également appelé « arbre à laque », est cultivé depuis plus de 3 000 ans en Chine pour la production d'une laque utilisée pour les meubles et les coffrets.*

Faux-poivrier

Schinus molle (anacardiacées)

H 5-10 m avr.-août

Habitat *Originaire des régions sèches d'Amérique centrale et du Sud. Arbre d'ornement dans le bassin méditerranéen. Les fruits séchés donnent le « poivre rose ».*

> ***Persistant.***
> ***Feuilles et fruits écrasés ont une odeur très aromatique.***
> ***Supporte la chaleur et la sécheresse.***

Les mélanges « 5 baies » qu'on trouve dans le commerce contiennent généralement, en plus des grains noirs, blancs et verts du vrai poivrier (*Piper nigrum*), les baies rouges du faux-poivrier. Les deux espèces ne sont pas apparentées. Les baies ont une saveur piquante, avec une note aromatique qui ne plaît pas à tous.

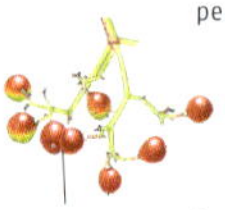

Savonnier

Koelreuteria paniculata (sapindacées)

H 5-8 m juill.-août

Habitat *Indigène au Japon, en Corée et en Chine. En Europe centrale, dans les parcs et les jardins. Les panicules de fruits émergent bien visiblement du feuillage.*

> ***Les capsules fructifères se développent très vite.***
> ***Attrayant aussi bien en fleurs qu'en fruits.***
> ***Feuillage jaune en automne.***

Le nom *Koelreuteria* a été donné en l'honneur d'un botaniste allemand du XVIIIe siècle, J. G. Koelreuter. Ce dernier perçut le rôle important que jouaient les insectes dans la pollinisation des plantes et parvint à démontrer que les plantes se reproduisaient aussi par voie sexuelle.

Margousier

Melia azedarach (méliacées)

H 5-15 m avr.-juin

Les fleurs de cet arbre également appelé « lilas des Indes » sentent le lilas, surtout le soir, et attirent les papillons. Les noyaux des fruits, à la forme anguleuse, servaient autrefois à confectionner des chapelets, d'où le nom d'« arbre aux chapelets » parfois utilisé. Le bois est utilisé pour la fabrication de meubles et la sculpture.

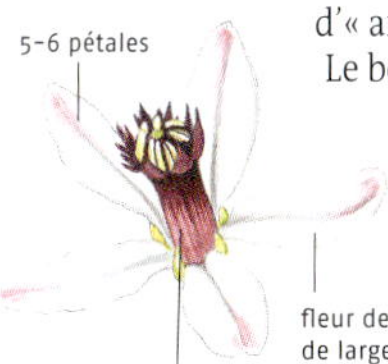

Habitat *Indigène dans l'Himalaya. Planté en région méditerranéenne dans les espaces verts et en alignement. Les fruits persistent très longtemps sur l'arbre.*

> ***Les feuilles peuvent être simplement pennées.***
> ***Fruits toxiques !***
> ***Assez rustique.***

Le saviez-vous ?

*Le neem (*Antelaea azadirachta*) est une espèce apparentée, produisant des noyaux allongés et lisses. Ceux-ci, ainsi que l'écorce et les préparations qui en sont issues, sont commercialisées depuis quelques années comme insecticide.*

Érable à écorce de papier

Acer griseum (acéracées)

H 5-12 m avr.-mai

Habitat *Indigène en Chine. En Europe, dans les parcs et les collections. L'écorce brun cannelle s'exfolie en fins rouleaux.*

> **Également appelé « érable cannelle ».**
> **Feuillage rouge orangé en automne.**
> **À planter en isolé.**

Cet arbre tire son nom de l'aspect typique de son écorce. Elle commence déjà à peler sur les branches minces et forme souvent plusieurs couches simultanées sur les troncs épais, donnant l'impression que ceux-ci sont enveloppés dans un fin papier d'emballage. L'arbre étant peu exigeant et vite décoratif, il convient parfaitement aux jardins particuliers.

Érable negundo

Acer negundo (acéracées)

H 10-20 m mars-avr.

Habitat *Originaire de l'est de l'Amérique du Nord. En Europe dans les parcs, les espaces verts et les jardins, parfois naturalisé. Les fruits forment des grappes pendantes.*

> **Il existe des arbres mâles et femelles.**
> **Supporte la sécheresse.**
> **Nombreuses variétés horticoles.**

Au premier regard, les feuilles ainsi que les inflorescences mâles et les infrutescences font un peu penser au frêne commun (p. 154). La floraison précède la feuillaison, les arbres produisant alors une profusion d'inflorescences, en particulier les mâles. Le pollen est transporté par le vent des fleurs mâles aux fleurs femelles.

Frêne à fleurs

Fraxinus ornus (oléacées)

H 5-15 m mai-juin

Dans l'Antiquité, les Grecs utilisaient le bois pour fabriquer des lances et des javelots. Némésis, la déesse grecque de la justice, était souvent représentée tenant un rameau de frêne à la main. L'arbre produit de la « manne » (voir encadré), mais il ne s'agit pas de celle décrite dans la Bible, qui proviendrait non pas du frêne à fleurs, mais d'un lichen poussant dans le désert.

Habitat *Spontané dans le sud de l'Europe, surtout dans les montagnes calcaires. En Europe centrale dans les parcs. Les fleurs odorantes sont réunies en bouquets plumeux.*

> ***Également appelé « frêne à manne ».***

> ***Les arbres en fleurs apparaissent blancs de loin.***

> ***Fruits persistant souvent longtemps sur l'arbre.***

Le saviez-vous ?

Le tronc et les rameaux blessés exsudent un liquide qui durcit à l'air. Cette « manne » blanc jaunâtre a une saveur sucrée due au mannitol. Utilisée comme édulcorant, elle sert aussi à soulager la toux et la constipation.

Frêne commun

Fraxinus excelsior (oléacées)

H 15–35 m avr.-mai

Habitat *Pousse dans les forêts alluviales et de ravins, au bord des eaux. Les bourgeons noirs sont particulièrement visibles en hiver.*

> ***Feuilles opposées.***
> ***Fleurit avant la feuillaison.***
> ***Pousse dans des lieux très humides mais aussi secs.***

Les fruits ne se détachent qu'en hiver, par vent fort, et tombent en tournoyant. En raison de la silhouette élevée de l'arbre, les anciens Vikings comparaient le monde à un frêne géant – le grand frêne Yggdrasil. L'écorce du frêne est l'un des plus anciens succédanés de quinquina et était utilisée autrefois pour combattre le paludisme.

Pavier rouge

Aesculus pavia (hippocastanacées)

H 6–10 m mai-juin

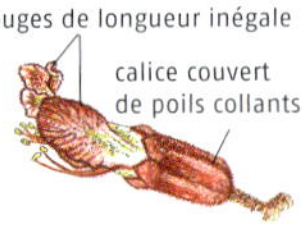

Habitat *Indigène en Amérique du Nord. En Europe, dans les parcs. Grappes florales peu fournies à l'extrémité des rameaux.*

> ***Reste souvent à l'état arbustif.***
> ***Parfois greffé sur tige.***
> ***Bourgeons non collants.***

Le pavier rouge est l'un des parents du marronnier rouge (p. 156). Son nom vient d'un botaniste hollandais de la fin du XVIe siècle, Peter Paaw, qui se faisait aussi appeler Peter Pavius. L'arbre est sensible à la mineuse du marronnier (voir espèce suivante), mais les attaques sont généralement moins fortes que sur le marronnier d'Inde.

Marronnier d'Inde

Aesculus hippocastanum (hippocastanacées)

H 15-25 m   avr.-mai

Introduit en France en 1615, ce bel arbre était au début planté uniquement dans les parcs et les grandes avenues. En période de disette, les marrons, une fois débarrassés de leur amertume, étaient utilisés pour fournir de l'huile et de la farine. Autrefois, les Turcs nourrissaient leurs chevaux avec les marrons. De nos jours, le marron d'Inde entre dans la composition de produits préconisés contre l'insuffisance veineuse.

Habitat *Originaire des Balkans. Dans le centre et l'ouest de l'Europe, dans les rues, les parcs et sur les places. Les marrons tombent en septembre et octobre.*

> ***Jeunes pousses densément poilues.***
> ***Bourgeons très collants surtout en fin d'hiver.***
> ***L'arbre des cours d'école.***

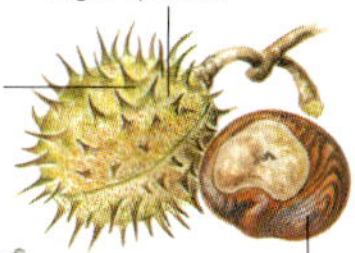

Le saviez-vous ?

Les feuilles qui tombent prématurément présentent souvent des taches brunes abritant des petites larves. Il s'agit de la mineuse du marronnier, un petit papillon apparu pour la première fois en Europe en 1984 et qui s'est depuis largement répandu.

Marronnier rouge

Aesculus x *carnea* (hippocastanacées)

H 10–15 m   mai

Habitat *Hybride horticole. En Europe, dans les parcs et le long des rues. Les fleurs rouges sont groupées en grandes panicules.*

> ***Fleurit plus tard que le marronnier d'Inde.***
> ***Fructification peu abondante.***
> ***Souvent greffé sur tige.***

Cet hybride entre le marronnier d'Inde (p. 155) et le pavier rouge (p. 154) est apparu au début du XIXe siècle. L'arbre est intéressant pour sa bonne résistance à la mineuse du marronnier (voir p. 155). Le papillon dépose ses œufs sur les feuilles, mais le développement des jeunes larves est généralement vite stoppé.

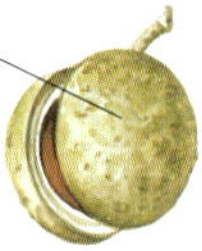

Flamboyant bleu

Jacaranda mimosifolia (bignoniacées)

H 10–16 m   juill.

Habitat *Originaire des régions tropicales d'Amérique du Sud. Arbre d'ornement et d'alignement dans le sud de l'Europe. Les fleurs sont groupées en panicules pouvant atteindre 30 cm.*

> ***Fruits persistant longtemps sur l'arbre.***
> ***Fleurit avant la feuillaison.***
> ***Exige un climat chaud.***

Dans le sud de l'Europe, le flamboyant bleu est au moment de la floraison l'un des arbres d'alignement les plus remarquables. Ses fruits, également très décoratifs, sont utilisés en fleuristerie. Les jacarandas sont parfois appelés « palissandres », mais ce sont des arbres d'un autre genre botanique (*Dalbergia*) qui fournissent le bois précieux utilisé dans la fabrication d'instruments de musique.

Sureau noir

Sambucus nigra (caprifoliacées)

H 2-7 m   juin

La tisane de fleurs de sureau fait baisser la fièvre et soulage les toux sèches. Les fruits donnent un jus riche en vitamines et en minéraux. Frais, ils peuvent cependant provoquer vomissements et diarrhées, en particulier chez l'enfant. Les Germains consacraient cet arbre à la déesse Holda qui, selon la légende, vivait dans le tronc d'un sureau. Les Irlandais croyaient de leur côté que les sorcières chevauchaient des branches de sureau.

Habitat *Spontané dans presque toute l'Europe, dans les lisières de bois frais, les haies et les décharges. Les inflorescences de près de 15 cm de large sont très odorantes.*

> ***Feuilles opposées à odeur désagréable quand on les froisse.***

> ***Indique un sol riche en azote.***

> ***Ne fleurit bien qu'en situation lumineuse.***

Le saviez-vous ?

*Sur les troncs affaiblis pousse souvent l'oreille-de-Judas (*Hirneola auricula-judae*), un champignon qui durcit par temps sec et devient gélatineux quand il fait humide. Comestible, il est fréquemment utilisé dans la cuisine asiatique sous le nom de « mu-err » ou « champignon noir ».*

Palmier nain

Chamaerops humulis (arécacées)

H 1-10 m   mars-avr.

Habitat *Spontané en Sicile et dans le sud-est de l'Espagne. Planté dans les parcs dans le Midi, cultivé en bac ailleurs. Le pétiole épineux est caractéristique.*

> ***Fruit non comestible.***
> ***Reste buissonnant dans les zones de pâturage intensif.***
> ***Colonise les lieux dégagés secs.***

Ce palmier a ceci de particulier qu'il est spontané en Europe. Les palmes fournissent des fibres qui sont utilisées pour le rembourrage et la matelassure. Jusqu'à il y a 2 millions d'années, on trouvait en Europe plusieurs espèces de palmiers, mais ces végétaux frileux n'ont pas résisté aux glaciations.

Palmier à chanvre

Trachycarpus fortunei (arécacées)

H 4-10 m   juin-juill.

Habitat *Originaire du nord de la Chine et du Japon. Fréquemment planté dans le bassin méditerranéen et les régions chaudes d'Europe centrale. Inflorescences très voyantes.*

> ***Limbe des feuilles souvent lacéré par les vents.***
> ***Le palmier le plus fréquemment planté en Europe.***
> ***Fruit non comestible.***

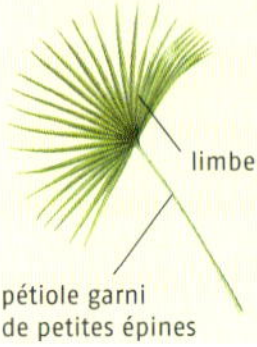

Ce palmier robuste ne pousse pas seulement dans les parcs du Midi. Planté en situation abritée, il peut également passer l'hiver en plein air dans les régions plus au nord. Le tronc est abondamment garni d'un réseau de fibres constitué de la base des anciens pétioles et qui assure la protection du tronc. Autrefois, les fibres servaient à fabriquer des tapis et des cordages.

Palmier des Canaries

Phoenix canariensis (arécacées)

H 8-20 m   févr.-juin

Le palmier des Canaries est plus vigoureux que le palmier-dattier et bien moins sensible au froid. Ses qualités lui permettent d'être largement utilisé comme arbre d'ornement en région méditerranéenne. Les feuilles constituent l'ornement traditionnel du dimanche des Rameaux chez les chrétiens et de la fête des Tabernacles chez les juifs.

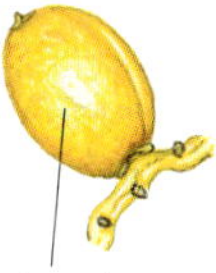

Habitat *Indigène sur les îles Canaries. Arbre d'ornement dans tout le bassin méditerranéen. Les inflorescences claires sont composées d'une multitude de fleurs.*

> ***Couronne généralement plus dense que celle du palmier-dattier.***
> ***Enracinement très profond.***
> ***Fruit presque sans pulpe, sans intérêt alimentaire.***

Palmier-dattier

Phoenix dactylifera (arécacées)

H 10-30 m   févr.-juin

Dans les oasis africaines, ce palmier représente le « pain du désert ». Il produit des fruits nourrissants, qui peuvent être plus ou moins sucrés ou farineux. Les chameaux apprécient également les noyaux durs et fibreux qu'ils mastiquent longuement. Le bois du tronc est utilisé pour la construction et les feuilles servent à couvrir les toits.

Habitat *Originaire de la région du golfe Persique. Rare dans la partie méditerranéenne de l'Europe. Arbre caractéristique des oasis du Sahara.*

> ***Il existe des arbres mâles et femelles.***
> ***Tolère une légère salinité.***
> ***A besoin de chaleur et ne supporte pas l'air humide.***

Genévrier sabine

Juniperus sabina (cupressacées)

H 0,5-2 m avr.-mai

Habitat *Spontané dans les hautes montagnes de l'Europe à l'Asie centrale. Arbuste d'ornement dans les jardins, les espaces verts et les cimetières. Les fruits sont nettement recouverts d'une pruine bleue.*

> ***Supporte le soleil et la sécheresse.***
> ***Le feuillage froissé dégage une odeur désagréable.***
> ***Il existe des variétés à port dressé pour le jardin.***

Au Moyen Âge, le genévrier sabine était utilisé pour soigner l'asthme et les maladies pulmonaires, et comme vermifuge. Il était également connu pour ses propriétés abortives, mais provoquait parfois la mort de la mère. L'intoxication provoque des convulsions et des dégâts sur les reins et le foie. La sève peut déclencher une inflammation si elle entre en contact avec la peau.

Genévrier de Phénicie

Juniperus phoenicea (cupressacées)

H 0,5-8 m mars-avr.

Habitat *Spontané dans le bassin méditerranéen, dans les forêts et les garrigues, en particulier près des côtes. Les fruits mûrissent en 2 ans.*

> ***Peut vivre jusqu'à 1 000 ans.***
> ***Silhouette très variable.***
> ***Très peu exigeant.***

Dans de rares cas, cette espèce peut donner des arbres pouvant atteindre 8 m de haut, avec des troncs très vigoureux. Ceux-ci étaient autrefois prisés pour la construction et l'ébénisterie, mais également abattus pour faire du bois de chauffage. Les incendies et les pâturages intensifs les ont anéantis. En Espagne, le genévrier de Phénicie est l'une des sources alimentaires les plus importantes pour les chèvres sauvages vivant dans les montagnes.

Raisin-de-mer

Ephedra distachya (éphédracées)

H 0,4-1 m   mai-juin

L'éphédrine, une substance extraite des éphédras, est utilisée comme antiasthmatique. La plante n'est cependant pas sans danger. Diffusée sous diverses appellations (« thé des Mormons », « *herbal ecstasy* ») dans le milieu de la drogue, elle a provoqué le décès de plusieurs personnes aux États-Unis et sa consommation est interdite dans certains pays.

Habitat *Spontané dans le sud de l'Europe et sur la côte atlantique en France, dans les dunes et sur les berges des rivières. Les rameaux fins, gris-vert, sont typiques.*

> ***Les rameaux se cassent facilement.***
> ***Ressemble à une prêle.***
> ***Il existe des pieds mâles et femelles.***

Ajonc

Ulex europaeus (fabacées)

H 0,6-2 m   avr.-juin

L'ajonc est devenu une espèce envahissante dans les pâtures, en particulier sur les îles Britanniques où les Anglais, dans leur lutte contre les lapins, ont détruit le principal consommateur de l'arbuste. Les ruminants délaissent cet arbuste épineux. La plante est très toxique pour l'homme.

Habitat *Spontané dans l'ouest de l'Europe, du Portugal à la Grande-Bretagne. Rarement planté en Europe centrale. Fleurs solitaires très nombreuses sur le rameau.*

> ***Les épines dissuadent le broutage.***
> ***A besoin d'hivers doux.***
> ***Craint les hivers rigoureux et tardifs d'Europe centrale.***

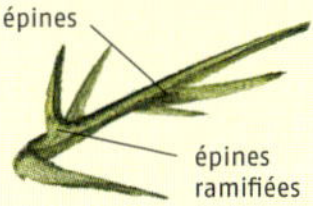

Romarin

Rosmarinus officinalis (lamiacées)

H 0,3-1,5 m mars-juill.

Le romarin est un aromate apprécié pour parfumer les ragoûts et les liqueurs aux herbes. Il s'ajoute à l'eau du bain pour stimuler la circulation sanguine. Dans la tradition populaire, l'arbuste jouait autrefois un rôle important. Pour certains, il était le symbole de l'amour et ornait la table des mariés. Pour d'autres, il appartenait au culte des morts : les proches du défunt dispersaient des rameaux dans la tombe pour le souvenir et l'espoir d'une renaissance. Encore aujourd'hui dans certaines régions, les porteurs de cercueils sont parés de brins de romarin.

Habitat *Spontané dans le bassin méditerranéen. Dans le reste de l'Europe, cultivé dans les jardins et en pots. Plante aromatique également décorative par sa belle floraison.*

- ***Toute la plante dégage une odeur aromatique.***
- ***Facilite la digestion.***
- ***Il existe plusieurs variétés cultivées.***

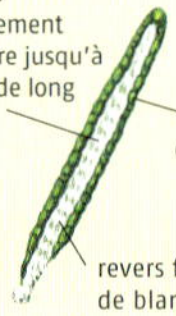

Le saviez-vous ?

Autrefois, on pensait que le romarin stimulait la mémoire et conservait la jeunesse. Ceci est peut-être lié au fait que les feuilles séchées restent odorantes de longues années. Pour se souvenir d'un événement particulier, il était d'usage ce jour-là de cueillir des feuilles de romarin et de les garder.

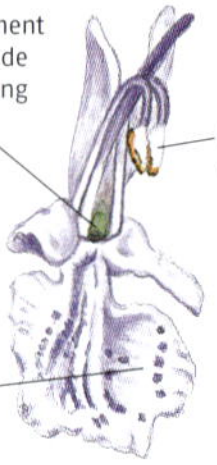

Andromède

Andromeda polifolia (éricacées)
H 10-30 cm mai-août

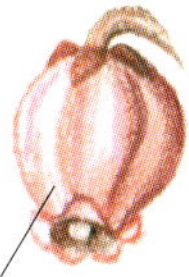

Dans la mythologie grecque, Andromède est la fille de Cassiopée. D'après la légende, toutes deux furent placées dans la voûte céleste Nord, c'est-à-dire la portion de ciel qui correspond à la répartition géographique de l'andromède. La plante contient une toxine qui abaisse la pression sanguine et peut provoquer un arrêt respiratoire.

Habitat *Spontané dans les zones marécageuses des montagnes du nord et du centre de l'Europe. Dans les sols pauvres, souvent dans les tourbières à sphaignes. Les fleurs apparaissent à l'extrémité des rameaux.*

> ***Feuillage persistant.***
> ***Ressemble à des branches de romarin (p. 162) enfoncées dans le sol.***
> ***Tige couchée à la base.***

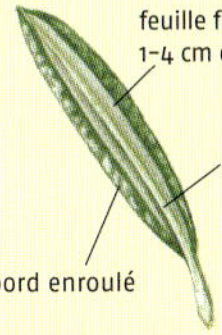

Bruyère des Alpes

Erica carnea (éricacées)
H 10-40 cm janv.-avr.

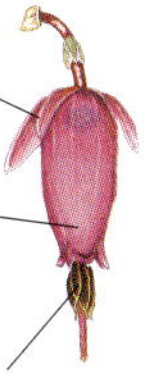

La bruyère des Alpes forme déjà ses boutons floraux en automne. Elle est appréciée pour sa floraison hivernale et sa végétation persistante et couvre-sol. Il existe de nombreuses variétés cultivées. Certaines ont un feuillage jaunâtre et les coloris des fleurs vont du blanc ou pourpre foncé. Alors que la plupart des éricacées ont besoin d'un sol acide, la bruyère des Alpes pousse bien dans les sols calcaires.

Habitat *Dans les montagnes du centre et du sud de l'Europe. Fréquemment plantée dans les jardins. Se distingue par sa période de floraison.*

> ***Également appelée « bruyère des neiges ».***
> ***Préfère les situations ensoleillées.***
> ***Certaines variétés fleurissent déjà en octobre.***

Bruyère commune

Calluna vulgaris (Éricacées)

H 20-80 cm juill.-sept.

Habitat *Spontanée dans toute l'Europe dans les landes, les prairies acides et pauvres, les marais et les bois de pins clairs. Les fleurs sont souvent orientées du même côté.*

> ***Feuillage persistant.***
> ***Convient pour les bouquets secs.***
> ***Également appelée « callune ».***

La bruyère commune peut couvrir entièrement le sol d'un tapis de fleurs roses, d'où l'attrait qu'elle exerce sur tant de gens. Dans son aire naturelle, elle provoque un appauvrissement progressif du sol qui retarde ou empêche l'implantation des arbres. Les abeilles récoltent le nectar des fleurs pour produire le miel de bruyère. Les rameaux servaient autrefois à confectionner de solides balais.

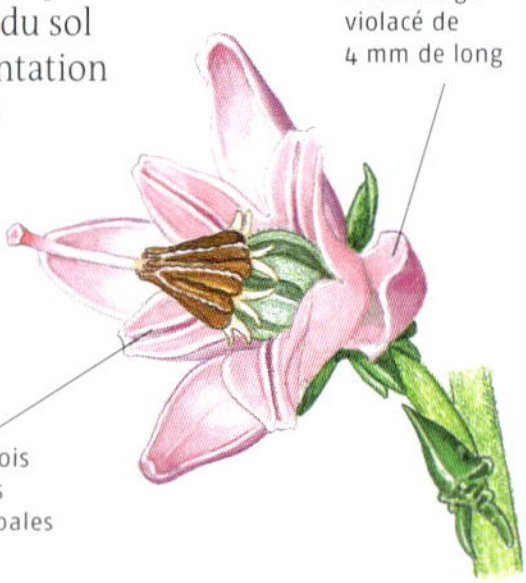

Le saviez-vous ?

Il existe de nombreuses variétés pour le jardin. Elles se distinguent par la silhouette ou la couleur des fleurs. Pour les cultiver, il est important de savoir qu'elles exigent toutes un sol non calcaire.

Figuier de Barbarie

Opuntia ficus-indica (cactacées)

H 2-5 m avr.-juill.

Ce n'est que peu de temps après la découverte de l'Amérique que les Espagnols ramenèrent le figuier de Barbarie en Méditerranée. Les fruits, qui sont proposés sur le marché, sont sucrés et parfumés – une fois débarrassés de leurs aiguillons soyeux. Les pousses pleines de sève servent de fourrage. Même les pousses épineuses peuvent convenir après avoir été rapidement passées à la flamme. Les plantes sont aussi utilisées en haies dans les régions arides pour protéger les plantations agricoles.

Habitat *Originaire de l'Amérique tropicale. Cultivé et naturalisé dans le bassin méditerranéen. Se reconnaît de loin à ses tiges en forme de raquettes.*

> ***A besoin de soleil et supporte les climats arides.***
> ***Les graines restent viables longtemps.***
> ***Peut se bouturer à partir de fragments de tige.***

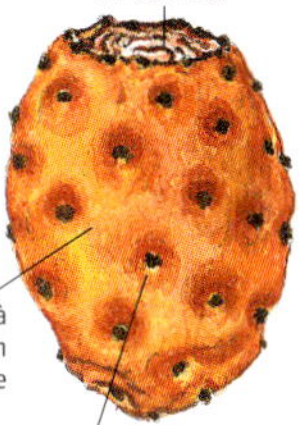

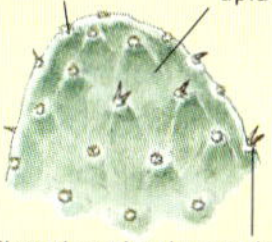

Le saviez-vous ?

Des cochenilles élevées sur les cactées produisent un colorant rouge. Ce « rouge cochenille » est utilisé comme colorant alimentaire sous l'appellation E 120 – on en trouve par exemple dans le Campari. Certains rouges à lèvres en contiennent également.

Saule à feuilles émoussées

Salix retusa (salicacées)

H 5-25 cm   juin-juill.

Habitat *Spontané dans les montagnes du centre et du sud-est de l'Europe. Sur les sols rocailleux jusqu'à 2 500 m. Se couvre de graines poilues au moment de la fructification.*

> ***Bord des feuilles parfois légèrement denté.***
> ***Couvre souvent les rochers.***
> ***Fréquent dans les lieux subissant un enneigement prolongé.***

Le feuillage de ce sous-arbrisseau vire au jaune vif en automne et dégage alors une odeur singulière qui rappelle un peu la valériane. Les rameaux rampants produisent toujours des racines adventives lorsqu'ils rencontrent un terrain approprié comme une crevasse ou une fissure entre des rochers. La plante est également très efficace pour consolider les remblais.

Le saviez-vous ?

Chez l'espèce apparentée Salix herbacea, *le saule herbacé, les rameaux ligneux sont tous enterrés. Les pousses aériennes, courtes, avec des feuilles finement dentées, restent herbacées. Le botaniste Carl von Linné qualifiait ce saule de « plus petit arbre du monde ».*

Saule réticulé

Salix reticulata (salicacées)
H 10-30 cm juill.-août

Avec le saule à feuilles émoussées et le saule herbacé (voir page ci-contre), le saule réticulé fait partie des saules nains qui poussent en altitude ou très au nord, dans les régions où la couverture neigeuse persiste longtemps. Il arrive à fleurir et à fructifier malgré une saison de végétation courte.

Habitat *Spontané dans le nord de l'Europe et les montagnes du centre et du sud de l'Europe. Généralement au-dessus de la limite des forêts, jusqu'à 3 000 m. Les feuilles paraissent ridées.*

> ***Peut former de grands tapis.***
> ***Les branches s'enracinent dans le sol.***
> ***Pousse dans les combes à neige et les éboulis.***

Magnolia étoilé

Magnolia stellata (magnoliacées)
H 1,5-3 m mars-avr.

Alors que la plupart des magnolias sont des arbres plus ou moins grands (p. 64-65), le magnolia étoilé reste petit et convient parfaitement aux jardins de dimensions restreintes. Cultivé depuis des siècles au Japon, l'arbuste n'a gagné l'Europe que dans la seconde moitié du XIXe siècle.

Habitat *Originaire du Japon. En Europe, sous les climats pas trop rudes, dans les parcs et les jardins. Fleurs blanches ou roses.*

> ***Croissance assez lente.***
> ***Fleurs sensibles aux gelées nocturnes.***
> ***Doit son nom à la forme des fleurs.***

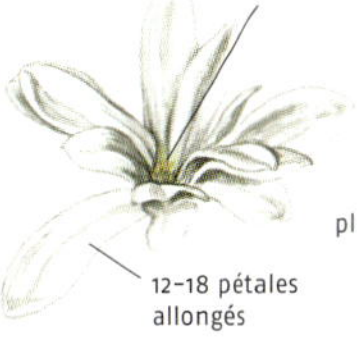

Calycanthe occidental

Calycanthus occidentalis (calycanthacées)

H 1-4 m juin-juill.

Les fleurs dégagent un fort parfum de moût et de pain d'épices, l'écorce séchée sent le clou de girofle. Les Indiens Cherokees utilisaient autrefois des extraits d'écorce de l'arbre aux anémones (*Calycanthus floridus*) comme épices et pour leurs propriétés émétiques. Il faut cependant s'en méfier car la plante contient des toxines, surtout dans les graines.

***Habitat** Indigène en Californie. En Europe, dans les parcs et les jardins. Les fleurs étoilées brun-rouge sont caractéristiques.*

> **La floraison dure longtemps.**
> **Très décoratif aussi en isolé.**
> **Les fleurs de l'arbre aux anémones, une espèce proche, sont brun-rouge foncé.**

Chimonanthe

Chimonanthus praecox (calycanthacées)

H 2-4 m févr.-mars

Le parfum puissant des fleurs attire les abeilles dès les premières chaudes journées de l'année. Elles trouvent un nectar sucré dans les corolles à l'aspect cireux. Les rameaux fleuris coupés embaument l'intérieur de la maison d'une senteur qui rappelle celle du jasmin.

***Habitat** Originaire de Chine. En Europe, dans les parcs et les jardins des régions aux hivers doux. Se distingue par ses nombreuses fleurs inclinées.*

> **Feuilles opposées.**
> **Les fleurs odorantes ne supportent pas le grand froid.**
> **Légèrement sensible au gel quand il est jeune.**

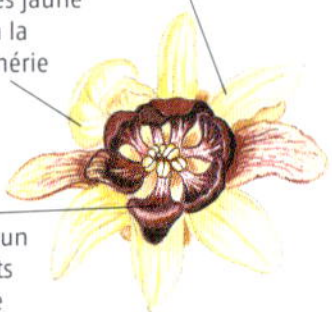

Gui

Viscum album (loranthacées)
H 20-80 cm avr.-mai

Le gui est une plante hémiparasite : il enfonce un « suçoir » dans les rameaux de l'arbre hôte et en retire de l'eau et des sels minéraux. Il arrive cependant à synthétiser des glucides car il contient de la chlorophylle. Chez les peuples celtes, le gui était vénéré et protégeait du mauvais sort. Symbolisant la continuité de la vie, il est de tradition chez nous de s'embrasser sous le gui au Nouvel An.

Habitat *Spontané dans presque toute l'Europe, sur les feuillus, les sapins argentés et les pins. Fructification généralement très abondante.*

> ***Il existe des plantes mâles et femelles.***
> ***Toxique !***
> ***Les graines sont dispersées par les oiseaux, comme la grive draine.***

Le saviez-vous ?

Le nom latin viscum *signifie « glu ». Les fruits contiennent une chair visqueuse qui s'étire en longs fils. Elle était autrefois utilisée par les oiseleurs pour produire de la glu. Grâce à cette masse collante, les graines restent attachées aux branches et peuvent alors y germer.*

Berbéris de Thunberg

Berberis thunbergii (berbéridacées)
H 1,5-2 m mai

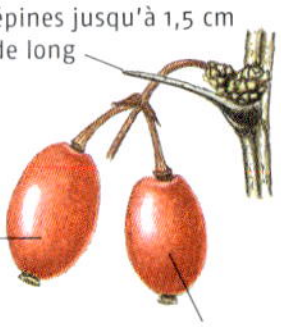

Parmi les berbéris, celui de Thunberg est le plus fréquemment planté. Il existe de nombreuses variétés avec des feuillages allant du jaune clair au rouge sombre. Les baies contiennent des substances toxiques pour les reins. Les fruits de berbéris séchés qu'on trouve chez les marchands d'épices viennent de l'épine-vinette (p. 200).

Habitat *Originaire du Japon. En Europe dans les parcs, les jardins et les espaces communaux. Les fruits persistent souvent jusqu'au printemps sur l'arbuste.*

> ***Forme des feuilles très variable.***
> ***Végétation épineuse impénétrable.***
> ***Parfait en haie.***

Pittospore odorant

Pittosporum tobira (pittosporacées)
H 0,5-3 m mars-mai

Pittosporum signifie « graines collantes » en grec, en référence au liquide mucilagineux et gluant qui entoure les graines. Celles-ci s'accrochent au bec des oiseaux ou aux animaux qui passent et peuvent ainsi être dispersées sur de grandes distances.

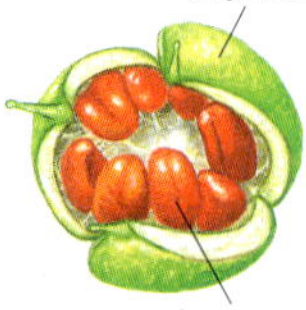

Habitat *Originaire de Chine et du Japon. Planté en haie dans le sud de l'Europe, cultivé en pot dans les régions plus froides. Fleurs blanchâtres en ombelles terminales.*

> ***Persistant.***
> ***Fleurs au parfum suave rappelant la fleur d'oranger.***
> ***Supporte bien la sécheresse.***

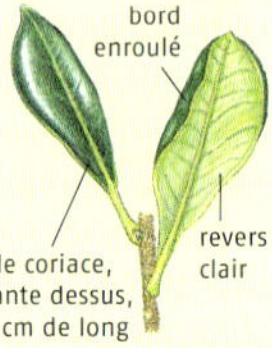

Câprier

Capparis spinosa (capparacées)
H 0,3-1,5 m avr.-oct.

Dans l'Antiquité, les guérisseurs utilisaient les boutons floraux et les fruits pour soigner la sciatique et les crampes, mais aussi comme épices. L'écorce des racines était aussi employée comme remède thérapeutique. De nos jours, l'arbuste est cultivé pour la production de câpres, en particulier dans le Midi et en Espagne. Les arbustes peuvent produire régulièrement pendant 30-40 ans.

Habitat *Spontané dans le bassin méditerranéen, dans les terrains rocailleux ou incultes, le long des routes. Les fruits s'ouvrent en deux à maturité, libérant de nombreuses graines noires.*

- ***Rameaux souvent couchés ou pendants.***
- ***Port parfois grimpant.***
- ***Les fleurs ne restent ouvertes que quelques heures.***

Le saviez-vous ?

Les boutons floraux, tout comme les fruits pas mûrs, peuvent être confits dans le sel, le vinaigre ou l'huile. Les câpres ont une saveur particulière, épicée et piquante. Les fruits confits, appelés « caprons », ont un goût plus prononcé que les boutons floraux.

Cotonéaster horizontal

Cotoneaster horizontalis (rosacées)

H 0,7–1,5 m   mai-juin

***Habitat** Indigène en Chine centrale. En Europe, commun dans les parcs et les jardins. Remarquable en automne par son feuillage rouge et sa fructification abondante.*

- ***Facile à reconnaître par son mode de ramification.***
- ***Les feuilles tombent tardivement.***
- ***Espèce ornementale appréciée et robuste.***

Les fruits attirent en automne et en hiver les merles et autres oiseaux, pour lesquels ils représentent une nourriture de choix. Les oiseaux digèrent la chair farineuse du fruit et rejettent les graines dans leurs fientes. Les graines germent facilement, ce qui explique que chez nous, on trouve également des arbustes dans la nature.

Cotonéaster à feuilles de saule

Cotoneaster salicifolius (rosacées)

H 2–3 m   juin

***Habitat** Originaire de la Chine. En Europe, commun dans les parcs, les jardins et les espaces verts. Fructification généralement abondante.*

- ***Feuilles persistantes mais souvent teintées de rouge.***
- ***Floraison odorante.***
- ***Les fruits persistent longtemps sur l'arbuste.***

Les feuilles ressemblent un peu à celles du néflier (p. 112). Bien qu'elles soient petites, les fleurs produisent un nectar sucré et abondant, et un pollen riche en protéines. Elles attirent ainsi de nombreux insectes pollinisateurs, comme les abeilles.

Buis

Buxus sempervirens (buxacées)

H 0,3-4 m avr.-mai

Dans la croyance populaire, le buis était considéré comme une plante magique censée protéger de la foudre et des maladies. Le bois dense et très dur sert à fabriquer des tuyaux de pipe, des instruments de musique et des coffrets. Le mot « boîte » – tout comme *box* en anglais et *büchse* en allemand – vient d'ailleurs du latin *buxus*. Les premières règles à calcul, ancêtres des calculettes, étaient aussi en buis.

La saviez-vous ?

Le buis se prête parfaitement à l'art topiaire qui consiste à tailler les végétaux pour obtenir des formes décoratives. Il était particulièrement apprécié à la Renaissance et au Baroque. L'utilisation du buis comme plante de bordure remonte aux Romains, qui l'introduisirent dans le centre et l'ouest de l'Europe.

Habitat *Spontané dans le sud de l'Europe, dans les bois et les garrigues. Planté dans les parcs et les jardins dans toute l'Europe. Les fruits ouverts présentent 6 pointes.*

> ***Croissance très lente.***
> ***Peut vivre jusqu'à 600 ans.***
> ***Supporte la sécheresse et le gel.***

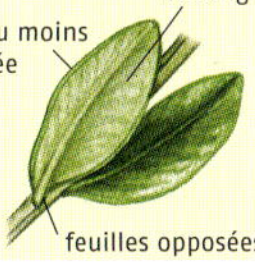

Genêt à balais

Cytisus scoparius (fabacées)

H 1-2 m   mai-juin

Habitat *Spontané dans presque toute l'Europe, dans les landes, les clairières, le long des chemins et des routes. Les fleurs sont isolées ou groupées par 2.*

- ***Produit 2 sortes de feuilles, qui tombent souvent rapidement.***
- ***Jeunes rameaux à 5 angles.***
- ***Très toxique !***

Sous la chaleur du soleil, les fruits mûrs s'échauffent et s'ouvrent en faisant un bruit sec, projetant les graines à plusieurs mètres de distance. Les rameaux rigides servaient autrefois à fabriquer des balais robustes. À des doses strictement définies, la plante est aussi utilisée pour soulager certaines douleurs cardiaques et vasculaires.

Genêt d'Espagne

Spartium junceum (fabacées)

H 2-3 m   avr.-juin

Habitat *Spontané dans les maquis, garrigues et bois clairs du bassin méditerranéen. Également planté pour l'ornement. Les fleurs s'insèrent sur les rameaux semblables à des joncs.*

- ***Les feuilles peu nombreuses tombent rapidement.***
- ***Les rameaux ont une section circulaire.***
- ***Également appelé « spartier à tiges de jonc ».***

Les rameaux souples se prêtent à la confection de paniers solides. Ils produisent également des fibres, que les cordiers employaient autrefois pour la navigation et la pêche. Jadis, les fleurs étaient utilisées contre la constipation et la goutte, et pour déclencher les accouchements. Les surdosages peuvent cependant être mortels.

Genêt des teinturiers

Genista tinctoria (fabacées)

H 30-70 cm juin-août

Les fleurs s'ouvrent à la première visite d'un insecte et restent alors ouvertes. Autrefois, dans l'industrie des colorants en Angleterre, le genêt des teinturiers était une source importante de jaune. Les matières colorantes se trouvent aussi bien dans les fleurs et les feuilles que dans les fins rameaux. Selon le procédé, la couleur obtenue varie du jaune citron au brun foncé ou au vert olive.

***Habitat** Spontané presque dans toute l'Europe, dans les prairies pauvres, les prés marécageux et les lisières. La partie supérieure des rameaux est vert clair et non ligneuse.*

- ***La partie supérieure des rameaux meurt en hiver.***
- ***Indique un sol pauvre.***
- ***Toxique !***

Le saviez-vous ?

*Le genêt d'Allemagne (*Genista germanica*) porte des épines sur ses vieux rameaux. Il pousse dans le centre et le sud de l'Europe dans les landes et les lisières forestières.*

Skimmia du Japon

Skimmia japonica (rutacées)

H 0,5-2 m avr.-mai

Habitat *Indigène au Japon et en Chine. En Europe, dans les jardins, les cimetières, et cultivé en pot. Porte généralement une profusion de fruits rouges de la grosseur d'un pois.*

> ***Il existe des pieds mâles et femelles.***
> ***Fleurs parfumées.***
> ***La sève peut irriter la peau.***

Le skimmia du Japon pousse lentement et requiert une situation humide, à mi-ombre. Pour obtenir une fructification abondante, il faut planter un pied mâle à proximité des pieds femelles. Les fruits mûrissent à partir d'octobre et peuvent persister sur l'arbuste pendant 1 an – un bel ornement aussi pour les petits jardins.

Arbre à perruques

Cotinus coggygria (anacardiacées)

H 2-5 m juin-juill.

Habitat *Spontané dans le sud de l'Europe, dans les bois clairs et les garrigues. Planté dans les parcs et les jardins. Les feuilles virent au rouge vif en automne.*

> ***Le feuillage froissé dégage une odeur agréable.***
> ***Se plaît en situation chaude.***
> ***Les feuilles vont du gris-vert bleuté au rouge sombre selon les variétés.***

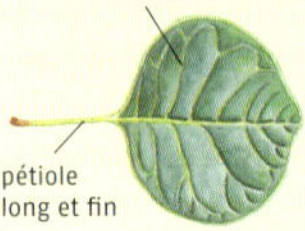

La plupart des fleurs sont stériles et tombent. Leurs pédicelles continuent cependant à se développer et produisent de nombreux poils soyeux. Les infrutescences s'élargissent et prennent alors un aspect plumeux, rappelant des perruques. Le bois jaune contient une substance colorante qui est employée pour teindre la soie et le cuir.

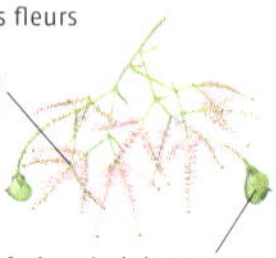

Argousier

Hippophae rhamnoides (éléagnacées)
H 1-5 m avr.-mai

Le nom *Hippophae* vient du grec *hippos*, « cheval », et *phaos*, « lumière ». Il désignait dans l'Antiquité un arbuste utilisé pour soigner les problèmes oculaires chez les chevaux. Carl von Linné utilisa ce nom pour l'argousier au XVIIIe siècle. Les fruits, appelés argouses, sont riches en vitamines et en minéraux. En jus, ils renforcent les défenses naturelles et combattent la fatigue. L'huile d'argousier est utilisée dans l'industrie cosmétique pour son action protectrice sur la peau.

Habitat *Spontané dans les montagnes du centre et du sud de l'Europe, près de la mer du Nord et de la mer Baltique. Planté le long des routes. Les arbustes femelles fructifient abondamment.*

> ***Il existe des arbustes mâles et femelles.***
> ***Les fruits mûrissent de septembre à décembre.***
> ***Supporte la salinité dans le sol.***

Le saviez-vous ?

Les fruits font le régal des faisans, mais aussi d'autres oiseaux. Ils ne digèrent pas les noyaux, mais les rejettent dans leurs fientes, assurant ainsi la dispersion de l'espèce. Les fruits demeurent souvent sur l'arbuste durant tout l'hiver.

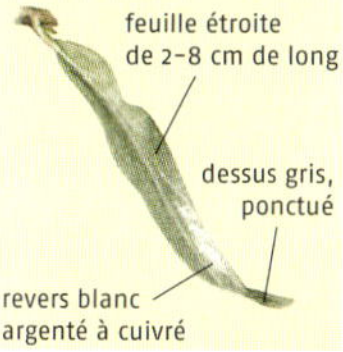

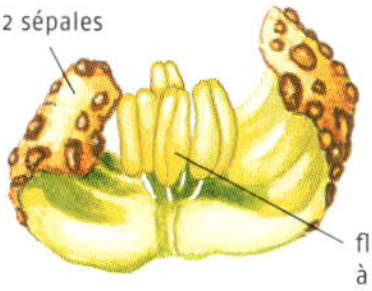

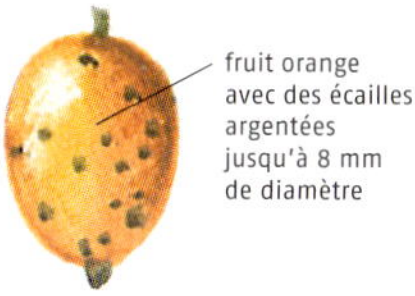

Ciste cotonneux

Cistus albidus (cistacées)

H 0,4-1,5 m avr.-juin

Le qualificatif « cotonneux » se réfère au feutrage blanc qui couvre les feuilles. Celui-ci les protège du soleil et limite l'évaporation. L'arbuste est ainsi bien adapté aux situations sèches et ensoleillées. D'autres cistes, comme le ciste ladanifère (voir ci-dessous), produisent dans le même but des feuilles coriaces sécrétant une résine.

***Habitat** Spontané dans l'ouest du bassin méditerranéen, dans les formations broussailleuses et les bois clairs. Les fleurs roses ne s'épanouissent largement qu'en plein soleil.*

- ***Feuilles opposées.***
- ***Ressemble de loin à un rosier.***
- ***Ne fleurit que du matin jusqu'en début d'après-midi.***

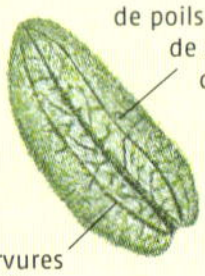

Ciste ladanifère

Cistus ladanifer (cistacées)

H 0,5-2,5 m avr.-juin

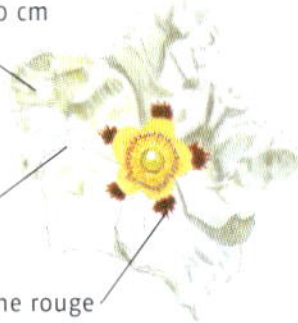

Quand les chèvres pâturent au milieu des arbustes, la résine collante de la plante reste accrochée à leurs pattes et à leur barbe. Dans l'Antiquité, elle était récupérée directement sur l'animal et servait à fabriquer parfums et onguents. L'industrie des parfums est toujours intéressée par cette gomme, maintenant extraite à partir des feuilles. Elle est aussi utilisée en confiserie.

***Habitat** Indigène dans le sud de la France et en Espagne. Fréquemment planté dans le sud de l'Europe. Les grandes fleurs ont des pétales à l'aspect froissé.*

- ***Feuilles opposées.***
- ***La plante est collante et dégage une odeur aromatique.***
- ***Supporte bien la sécheresse.***

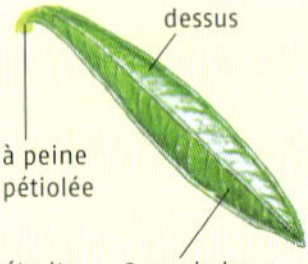

Bois-gentil

Daphne mezereum (thyméléacées)
H 0,5-1,2 m   févr.-avr.

Le bois-gentil, également appelé « bois-joli », est un arbuste décoratif très toxique. L'ingestion des fruits provoque une douleur et une sensation de brûlure dans la gorge. L'intoxication se poursuit avec des lésions rénales et une chute de la pression sanguine. Le contact de la sève avec la peau déclenche des cloques et des rougeurs.

Habitat *Spontané dans presque toute l'Europe, dans les bois clairs et sur les pentes rocheuses. Arbuste d'ornement dans les petits jardins. Les fruits luisent entre les feuilles.*

> ***Se plaît dans un sol légèrement humide.***
> ***Floraison odorante.***
> ***Il existe des variétés horticoles à fleurs blanches.***

Rince-bouteille

Callistemon sp. (myrtacées)
H 1-4 m   avr.-oct.

Le rameau poursuit son développement au-dessus de l'inflorescence en forme de goupillon et peut produire une nouvelle inflorescence l'année suivante. Les fruits ne tombent pas. Ils restent généralement fermés plusieurs années et ne s'ouvrent que sous l'effet de la chaleur dégagée par un feu de forêt. Les graines trouvent alors dans les cendres un emplacement propice à leur germination.

Habitat *Indigène en Australie. Dans les jardins en région méditerranéenne, cultivé en pot ailleurs. Les fruits ligneux sont insérés directement sur le rameau.*

> ***Exige beaucoup de chaleur.***
> ***Également appelé « plante goupillon ».***
> ***Il existe des variétés à fleurs rouges, roses, blanches ou jaunes.***

Myrte

Myrtus communis (myrtacées)
H 1-5 m   juin-août

Habitat *Spontané dans les maquis et fourrés du bassin méditerranéen. Cultivé en pot dans les régions plus froides d'Europe. Les fleurs sont solitaires à l'aisselle des feuilles.*

> ***Feuilles et fleurs très aromatiques.***
> ***Il existe une variété à petites fleurs pour la culture en pot.***
> ***Plante chargée d'une symbolique ancienne.***

D'après une vieille légende arabe, Adam et Ève emmenèrent un rameau de myrte lorsqu'ils furent chassés du Paradis. Le myrte symbolisait déjà l'amour dans l'Antiquité – en Grèce, la future mariée portait toujours une couronne de myrte le jour de ses noces. L'écorce, les feuilles et les fleurs contiennent une huile essentielle utilisée en parfumerie et en cosmétique.

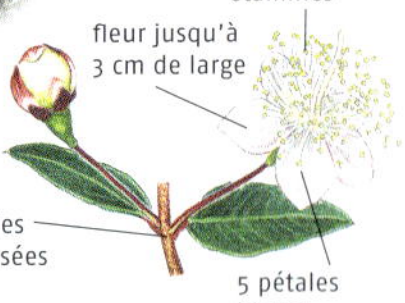

Cornouiller sanguin

Cornus sanguinea (cornacées)
H 2-5 m   mai-juin

Habitat *Spontané dans presque toute l'Europe dans les haies, les bois clairs, les lisières des forêts. Également planté. Fleurs réunies en bouquets aplatis mesurant jusqu'à 5 cm*

> ***Feuilles opposées.***
> ***Rameaux rouge foncé, surtout au soleil.***
> ***Fleurs à l'odeur désagréable.***

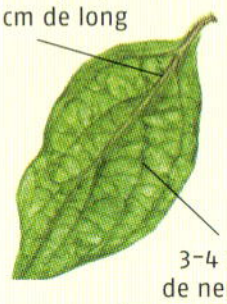

Le bois très résistant de cet arbuste servait autrefois à la fabrication de chevilles, de tuteurs, d'éléments de fusils et aussi de solides traverses pour verrouiller les portes. Le nom du genre vient du latin *cornu*, « corne », en référence à la dureté du bois. Les tiges souples et robustes sont utilisées pour réaliser des haies entrelacées.

Cornouiller blanc

Cornus alba (cornacées)

H 2-4 m mai-juin

Les rameaux s'enracinent dès qu'ils entrent en contact avec le sol. De ce fait, un arbuste isolé finit souvent par constituer une touffe épaisse, ce phénomène est d'ailleurs exploité pour stabiliser des sols. Quand on déchire délicatement une feuille de cornouiller en deux, les moitiés restent reliées par des fils très fins partant des nervures. Il s'agit d'un renfort, disposé en spirale autour des vaisseaux, qui s'étire tel un ressort.

***Habitat** Indigène dans le nord de l'Asie. Naturalisé dans le nord de l'Europe, arbuste d'ornement dans le centre de l'Europe. Rameaux rouge vif, surtout en hiver et au printemps.*

> ***Feuilles opposées.***
> ***Port s'étalant avec l'âge.***
> ***Nombreuses variétés horticoles.***

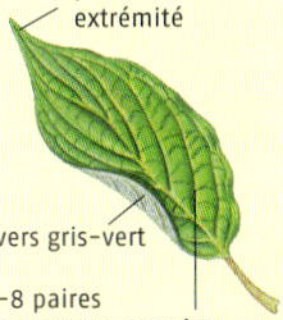

Le saviez-vous ?

Les variétés du cornouiller stolonifère (Cornus sericea), originaire de l'est de l'Amérique du Nord, offrent en hiver des rameaux vert-jaune vif.

Laurier des montagnes

Kalmia latifolia (éricacées)
H 0,6–3 m   mai–juill.

Habitat *Spontané dans les bois de chênes et de pins dans l'est des États-Unis. Nombreuses variétés dans les jardins. Les fleurs sont groupées en grosses inflorescences.*

> ***Feuilles persistantes rappelant celles du laurier-sauce (p. 66).***
> ***Fleurs blanches à rouge pourpré.***
> ***Très toxique !***

Le laurier des montagnes est la fleur des États américains de Pennsylvanie et du Connecticut. Dans son aire d'origine, l'arbuste peut atteindre 10 m de haut. Dans les jardins, il reste beaucoup plus petit et produit sa superbe floraison uniquement en sol acide et à mi-ombre. En homéopathie, la plante est utilisée contre les névralgies et les troubles cardiaques.

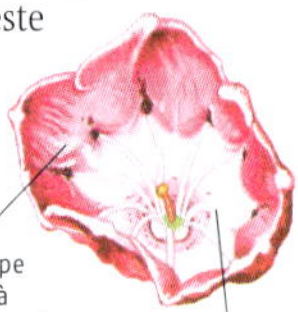

Rhododendron

Rhododendron hybrides (éricacées)
H 0,5–4 m   mai–juin

Habitat *Issus de diverses espèces américaines et du sud-est asiatique. En Europe, dans les parcs et les jardins. Floraison généralement très abondante.*

> ***Se plaît à mi-ombre.***
> ***Les azalées appartiennent aussi au genre* Rhododendron.**
> ***Floraison blanche, rose, violette ou rouge selon les variétés.***

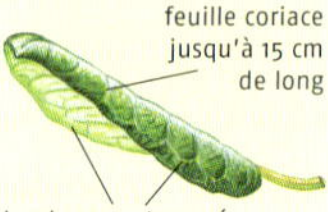

Les rhododendrons persistants qui ornent nos jardins de leurs silhouettes et teintes diverses sont le résultat d'une sélection intensive. Requérant un sol acide, perméable, frais, et un air suffisamment humide, ils se plaisent particulièrement dans les régions côtières du centre de l'Europe, dans les sols sableux ou marécageux.

Rhododendron ferrugineux

Rhododendron ferrugineum (éricacées)
H 0,3-1,5 m juin-juill.

Cet arbuste montagnard est également appelé « laurier-rose des Alpes ». Ses pousses étalées forment une végétation basse qui épouse les formes du relief. Préparées en tisane, les feuilles sont préconisées en cas de nausées, de crampes, de troubles cardiaques ou sanguins.

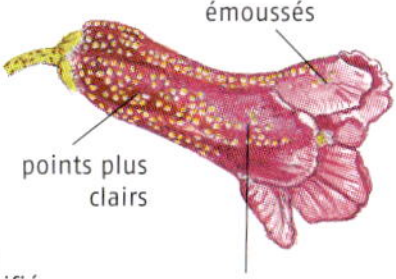

Habitat *Spontané dans les montagnes du centre et du sud de l'Europe sur les sols acides, jusqu'à 2 000 m. Les fleurs sont réunies en inflorescences terminales courtes.*

> ***Feuilles persistantes.***
> ***Toxique !***
> ***Peut vivre plus de 100 ans.***

Rhododendron cilié

Rhododendron hirsutum (éricacées)
H 0,3-1 m juin-août

Les rhododendrons des Alpes supportent bien les hivers rigoureux des montagnes, car ils sont protégés par une épaisse couche de neige. En plaine, ils sont plus sensibles au froid et craignent les fortes gelées. Ils poussent lentement, mais peuvent vivre jusqu'à 60 ans.

Habitat *Indigène dans les Alpes, dans les landes et les bois à la limite de la forêt. Généralement sur calcaire. Les bouquets sont composés de 3-10 fleurs.*

> ***Les feuilles restent vertes tout l'hiver.***
> ***Beaucoup plus rare que le rhododendron ferrugineux (ci-dessus).***
> ***Espèce à protéger.***

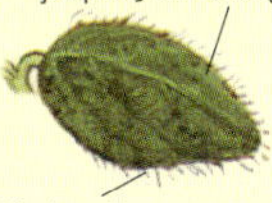

Raisin d'ours

Arctostaphylos uva-ursi (éricacées)
H 20-30 cm avr.-mai

Habitat *Spontané dans presque toute l'Europe, dans les forêts de pins et les landes, jusqu'à 2 500 m. Les fruits persistent longtemps en hiver.*

- ***Feuilles persistantes.***
- ***Forme souvent de grandes étendues.***
- ***Peut vivre jusqu'à 100 ans.***

Le raisin d'ours, également appelé « busserole », pousse en Europe, en Sibérie et en Amérique du Nord, dans des régions où l'on peut observer la Grande Ourse (d'où son nom !). Les feuilles sont le composant essentiel d'une tisane prisée dans certains pays. Par son action antiseptique, elle est préconisée en cas de cystite ou d'infection urinaire. Le traitement ne doit cependant pas dépasser 1 semaine.

184

Myrtille des marais

Vaccinium uliginosum (éricacées)
H 20-80 cm mi-juill.

Habitat *Indigène en Europe, dans les marais, sur les sols acides. Dans le sud, seulement en montagne. Se distingue par ses feuilles bleutées.*

- ***Feuilles nettement gris-vert au revers.***
- ***Fruit à chair et jus clairs, contrairement à la myrtille (p. 212).***
- ***Pousse souvent en groupes.***

Les baies de la myrtille des marais, encore appelée « airelle des marais », peuvent provoquer des vomissements. Le responsable en est le *Monilinia megalospora*, un champignon qui parasite le fruit. Les plantes non infectées n'ont aucun effet. Les spores du champignon n'apparaissant que sur les fruits momifiés, il est impossible de déceler leur présence sur les baies fraîches.

Airelle

Vaccinium vitis-idaea (éricacées)
H 10-30 cm   mai-août

Pour les Suédois, l'airelle est « l'or rouge du pays ». Le fruit contient différents acides, beaucoup de minéraux et des vitamines A, B et C. Il se conserve relativement bien. La saveur des airelles crues laisse à désirer. Elles sont bien meilleures en compotes ou en jus. On les utilise surtout pour accompagner le gibier.

Habitat *Spontané dans presque toute l'Europe, dans les bois de pins et d'épicéas, et dans les marais, en sol acide. Pousse souvent dans les tourbières entre les mousses.*

- ***Feuilles persistantes.***
- ***Les fruits ne mûrissent souvent pas en même temps.***
- ***Également appelée « airelle du mont Ida ».***

Le saviez-vous ?

En Amérique du Nord pousse une espèce apparentée, la canneberge, ou cranberry (Vaccinium macrocarpon). Son jus est depuis longtemps apprécié pour ses propriétés rafraîchissantes et agirait contre les infections des voies urinaires.

Lédon des marais

Ledum palustre (éricacées)

H 0,5-1,5 m   mai-juin

Habitat *Spontané dans les marais au nord de l'Allemagne et dans le nord de l'Europe, sur des sols acides. Les fleurs sont réunies en gros bouquets terminaux.*

- > ***Feuilles persistantes.***
- > ***Le feuillage froissé dégage une odeur camphrée.***
- > ***L'ingestion peut être nocive pour les reins.***

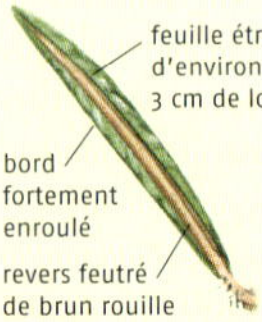

En Sibérie, on plaçait autrefois des rameaux de lédon entre les vêtements et dans les stocks de grains pour éloigner les insectes nuisibles. En grandes quantités, le composé odorant que contient la plante est grisant. Les Germains utilisaient déjà le lédon pour fabriquer la bière et renforcer ainsi ses effets enivrants. Malgré sa toxicité, on trouvait encore des bières aromatisées au lédon au XVIIIe siècle.

Dentelaire du Cap

Plumbago auriculata (plumbaginacées)

H 0,5-6 m   juin-sept.

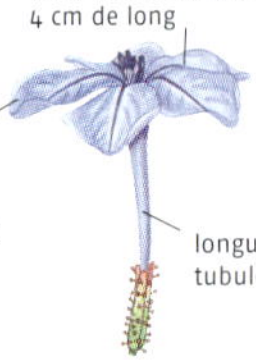

Habitat *Originaire d'Afrique du Sud. Dans les jardins, dans le sud de l'Europe, cultivé en pot ailleurs. Inflorescences pouvant atteindre 15 cm de large.*

- > ***Calice très collant.***
- > ***Peut être palissé sur une pergola.***
- > ***Peut aussi fleurir en blanc.***

Les fleurs attirent les insectes à longue trompe, en particulier les sphinx tels que le sphinx-colibri (*Macroglossum stellatarum*). Le nom du genre, *Plumbago*, vient du latin *plumbum*, « plomb », car on pensait que ces plantes étaient capables de guérir le saturnisme (intoxication par le plomb).

Troène commun

Ligustrum vulgare (oléacées)

H 2-7 m   juin-juill.

Le troène commun supporte les tailles sévères et se prête particulièrement à la constitution de haies. Généralement, les jardiniers plantent à cet usage la variété 'Atrovirens' qui conserve ses feuilles en hiver. Les oiseaux mangent les fruits, mais rarement avant la fin de l'hiver, et rejettent les graines non digérées, assurant ainsi la dissémination de l'espèce. Autrefois, on extrayait une teinture violette des fruits.

Habitat *Spontané dans presque toute l'Europe, dans les taillis et les lisières forestières. Planté sur les talus et en haie. Les fruits persistent longtemps sur l'arbuste.*

> ***Floraison odorante.***
> ***Supporte le soleil et la mi-ombre.***
> ***Toute la plante est toxique pour l'homme !***

Le saviez-vous ?

*On trouve parfois sur les arbustes des chenilles vivement colorées. Ce sont les larves d'un papillon nocturne, le sphinx du troène (*Sphinx ligustri*).*

Lilas

Syringa vulgaris (oléacées)

H 2-6 m avr.-mai

Habitat *Indigène dans le sud-est de l'Europe, sur les pentes rocheuses et dans les forêts. En Europe, dans les parcs et les jardins. Les fleurs sont réunies en grappes denses.*

> ***Très commun dans les jardins.***
> ***Fleurs au parfum très intense.***
> ***La palette des couleurs va du blanc au violet foncé.***

C'est au XVIe siècle que le premier lilas arriva de Constantinople à Vienne, d'où il se répandit dans toute l'Europe centrale. Bien que la sélection ne débutât vraiment qu'au XIXe siècle, il existe aujourd'hui près de 900 variétés. Dans certains pays, l'huile essentielle obtenue par macération des fleurs est utilisée en parfumerie.

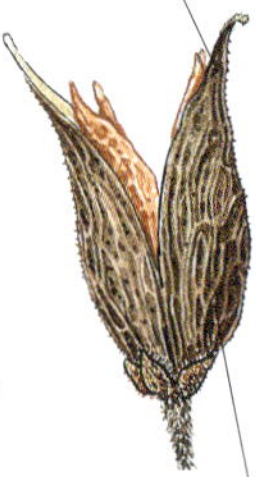

Le saviez-vous ?

Le bois du lilas, très dur, est souvent légèrement teinté de violet au centre, du moins quand il est fraîchement coupé. Il convient pour le tournage et fournit un poli très brillant.

Lyciet commun

Lycium barbarum (solanacées)
H 2-3 m   mai-sept.

Le lyciet commun supporte bien l'air des villes, le sel, la sécheresse, le vent et la chaleur. Il est donc parfaitement indiqué pour la garniture des talus le long des routes. Ses rameaux fins se développent souvent dans les arbustes voisins, formant un enchevêtrement impénétrable. Rabattu jusqu'au sol, l'arbuste repousse généralement avec vigueur.

Habitat *Indigène en Chine. Naturalisé dans le sud et le centre de l'Europe. Planté le long des routes et au pied des murs. Fructification généralement abondante.*

> ***Forme des feuilles très variable.***
> ***Supporte les sols à salinité élevée.***
> ***Toxique !***

Datura

Brugmansia variétés (solanacées)
H 1-3 m   juin-oct.

Le seul contact avec la sève suffit parfois à déclencher une intoxication. À dose élevée, la plante a un effet hallucinogène et peut entraîner des pertes de conscience. Son utilisation comme psychotrope aboutit fréquemment au décès. Les Indiens d'Amérique du Sud utilisaient le datura pour entrer en contact avec les esprits de leurs aïeuls.

Habitat *Originaire d'Amérique du Sud. Dans les jardins dans le sud de l'Europe, en pot ailleurs. Les grandes fleurs en trompette sont caractéristiques.*

> ***Feuilles à bord lisse ou irrégulièrement denté.***
> ***Les fleurs sentent la nuit.***
> ***Variétés horticoles aux coloris divers.***

Laurier-rose

Nerium oleander (apocynacées)

H 1-4 m juill.-sept.

Habitat *Spontané dans le bassin méditerranéen, sur les berges des cours d'eau et planté le long des autoroutes. Cultivé en pot ailleurs. Les fleurs vont du blanc au rouge foncé.*

- ***Sans fleurs, ressemble un peu à un saule.***
- ***Résistant aux gaz d'échappement.***
- ***Très toxique !***

Les fleurs sentent surtout le soir et attirent les papillons de nuit. Dans le Midi, c'est essentiellement le sphinx du laurier-rose (*Daphnis nerii*) qui bourdonne près des fleurs dans lesquelles il déroule sa longue trompe à la recherche du nectar. L'arbuste contient une substance qui agit sur le cœur. Selon la dose, elle peut être curative ou mortelle. Les feuilles ont des propriétés raticides.

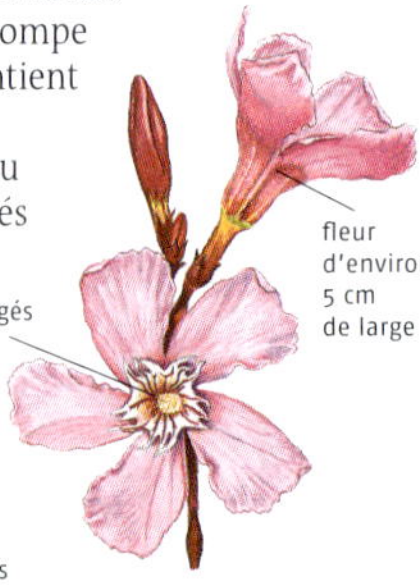

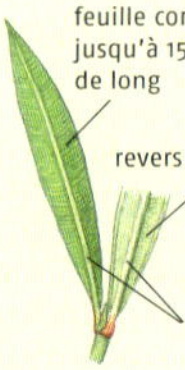

Le saviez-vous ?

Les fruits mûrs s'ouvrent et laissent apparaître des graines munies de longs poils. Par temps sec, elles s'envolent avec le vent ; par temps humide, elles peuvent s'accrocher aux animaux qui frôlent l'arbuste.

Buddleia à feuilles étroites

Buddleja alternifolia (buddlejacées)

H 2-4 m juin

Contrairement à l'arbre aux papillons (p. 214), les feuilles de cet arbuste sont alternes. Cette espèce très florifère, également rustique en Europe centrale, convient parfaitement en plantation isolée au bord d'une terrasse ensoleillée ou sur une pelouse.

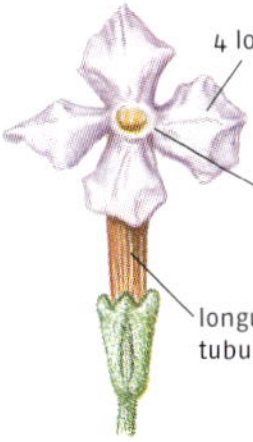

Habitat *Originaire de Chine. En Europe, dans les jardins. Les fleurs forment des bouquets denses le long des rameaux.*

- ***Pousse avec vigueur.***
- ***Les fleurs ont une odeur âpre.***
- ***Le revers des feuilles est feutré.***

Thym commun

Thymus vulgaris (lamiacées)

H 10-30 cm avr.-juill.

Dans l'Antiquité, les Grecs brûlaient le thym dans des feux sacrificiels, ce qui serait à l'origine de son nom, *thyein* signifiant « fumée » en grec. La plante contient une huile essentielle aux propriétés antiseptiques. Les Égyptiens soignaient déjà les plaies avec du thym et s'en servaient pour embaumer leurs momies.

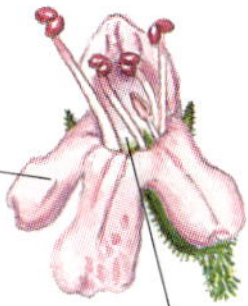

Habitat *Dans l'ouest du bassin méditerranéen, dans les lieux secs et ensoleillés. Cultivé comme plante condimentaire. Floraison décorative.*

- ***Senteur typiquement aromatique.***
- ***Plante médicinale et culinaire.***
- ***Également rustique en Europe centrale.***

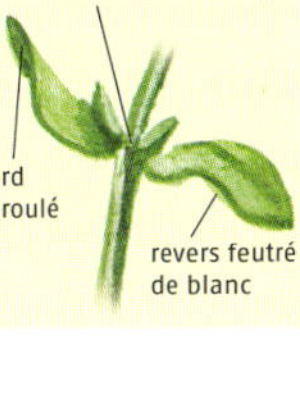

Camérisier à balais

Lonicera xylosteum (caprifoliacées)

H 1-3 m mai-juin

Habitat *Spontané dans le centre de l'Europe, dans les bois et en lisière des forêts. Planté dans les parcs et les jardins. Les fruits en paires accolées sont typiques.*

> ***Pousse à l'ombre ou à mi-ombre.***
> ***La feuillaison est précoce.***
> ***Baies toxiques provoquant nausées et palpitations.***

Jadis, les jardiniers plantaient parfois cet arbuste en haie pour délimiter leur terrain. Il n'est cependant pas recommandé pour les aires de jeux, car les baies rouges toxiques peuvent attirer les enfants. Le nom *xylosteum* signifie littéralement « bois en os », en référence au bois très dur qui émet un bruit sec quand on casse un rameau.

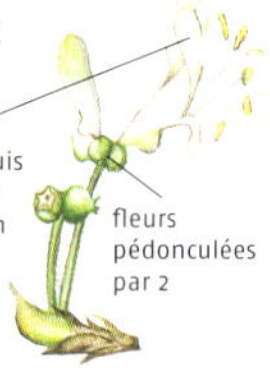

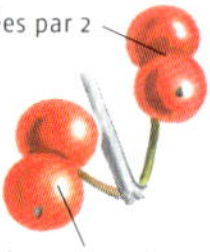

Camérisier des Alpes

Lonicera alpigena (caprifoliacées)

H 1-2 m mai-juin

Habitat *Spontané sur les sols calcaires des montagnes du centre et du sud de l'Europe. Les fruits sont entièrement soudés deux à deux.*

> ***Feuilles opposées.***
> ***Rameaux creux.***
> ***Parfois planté dans les jardins.***

Le camérisier (ou chèvrefeuille) des Alpes ne pousse pas seulement dans les Alpes, mais aussi dans les forêts d'altitude d'autres massifs. Le nom du genre, *Lonicera*, honore un médecin et botaniste allemand du XVIe siècle, Adam Lonitzer, qui rédigea entre autres un ouvrage important sur l'usage médicinal des plantes.

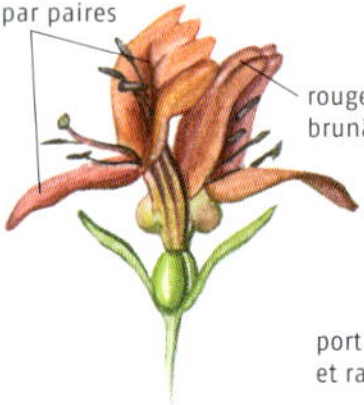

Viorne ridée

Viburnum rhytidophyllum (caprifoliacées)

H 3-5 m   mai-juin

Les jardiniers plantent souvent cet arbuste pour sa robustesse, son feuillage persistant et ses bouquets de fruits très décoratifs en automne. Les fruits ne sont pas comestibles pour l'homme. Même les oiseaux attendent souvent le courant de l'hiver pour les manger, quand ils n'ont plus grand-chose d'appétissant à se mettre sous le bec.

***Habitat** Indigène dans le centre et l'ouest de la Chine. En Europe, dans les parcs, les jardins et les espaces verts. Les fruits abondants sont rouge vif au début.*

> ***Revers des feuilles densément feutré de gris ou de jaunâtre.***
> ***Feuilles persistantes.***
> ***Très rustique.***

Le saviez-vous ?

Durant tout l'hiver, les boutons floraux affrontent le froid protégés uniquement par un feutrage de poils. Les feuilles s'affaissent quand il fait très froid et se redressent quand le temps se réchauffe.

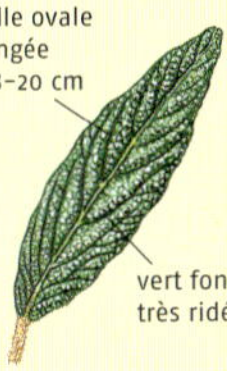

Symphorine

Symphoricarpos albus (caprifoliacées)

H 1,5-2 m juin-sept.

***Habitat** Originaire d'Amérique du Nord. En Europe, dans les jardins, les parcs et sur les talus. Facile à reconnaître à ses fruits blancs globuleux.*

> ***Les baies peuvent provoquer vomissements et diarrhées.***
> ***Feuilles parfois aussi grossièrement lobées.***
> ***Les fleurs attirent les abeilles.***

Si on jette violemment les fruits de symphorine par terre ou si on marche dessus, ils éclatent en produisant un bruit plus ou moins sec. Leur chair spongieuse ne contient pas de pigment blanc mais réfléchit intégralement la lumière reçue.

Fragon

Ruscus aculeatus (ruscacées)

H 20-90 cm févr.-avr.

***Habitat** Spontané dans le bassin méditerranéen et l'ouest de l'Europe, dans les broussailles et les forêts. Rare dans les jardins. Fleurit et fructifie sur les « feuilles » (rameaux transformés).*

> ***Également appelé « petit houx ».***
> ***Il existe des plantes mâles et femelles.***
> ***Rameaux utilisés dans les bouquets secs.***

Autrefois suspendus ou posés au milieu des provisions, les rameaux piquants du fragon tenaient les souris à distance. Les rameaux rigides faisaient aussi des balais résistants. On peut cuire les jeunes pousses et les consommer comme des asperges. Actuellement, le fragon est utilisé pour son action sur la circulation sanguine.

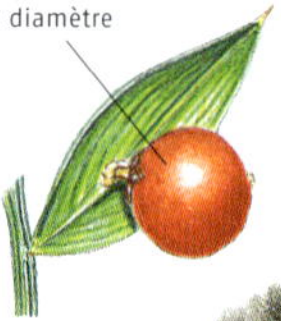

Piment royal

Myrica gale (myricacées)
H 0,5-1,5 m avr.-mai

Les Vikings utilisaient le piment royal, aromatique mais aussi toxique, pour aromatiser la bière. Le breuvage devenait en outre très enivrant et pouvait provoquer des accès de fureur. Les vieux livres de plantes médicinales préconisaient les feuilles comme abortif et contre les insectes.

Habitat *Spontané dans l'ouest et le centre de l'Europe, dans les landes humides et les marais. Planté au bord des étangs. Les petits fruits sont groupés en bouquets denses.*

> ***Le feuillage froissé est aromatique.***
> ***Il existe des plantes mâles et femelles.***
> ***Également appelé « galé odorant » et « bois-sent-bon ».***

Saule cendré

Salix cinerea (salicacées)
H 2-5 m avr.-mai

Au premier regard, les rameaux du saule cendré rappellent ceux du saule marsault (p. 80). L'arbuste se distingue cependant facilement par son port étalé et le feutre gris qui recouvre ses feuilles et ses rameaux. Il peut rester longtemps « les pieds dans l'eau » et fait partie des plantes de berge qui poussent au plus près de l'eau.

Habitat *Spontané dans presque toute l'Europe, dans les landes et les marais, au bord des fossés, des rivières et des lacs. Les fleurs femelles minuscules attirent aussi les abeilles.*

> ***Anthères rouge orangé au moment de l'éclosion.***
> ***Jeunes rameaux feutrés de gris.***
> ***Également appelé « saule gris ».***

Saule pourpre

Salix purpurea (salicacées)

H 2-6 m mars-avr.

Habitat *Spontané dans l'ouest, le sud et le centre de l'Europe, au bord des cours d'eau, dans les bois et les gravières. Les anthères rouges avant l'éclosion sont caractéristiques.*

- > ***Les fleurs apparaissent avant les feuilles.***
- > ***Un des saules les plus fréquents.***
- > ***Planté aussi pour la vannerie et la fixation des sols.***

Dans l'Antiquité, l'écorce de saule était déjà préconisée contre les douleurs et la fièvre. Le principe actif est la salicyline. Toujours utilisée de nos jours comme analgésique et antipyrétique, elle est présente en quantité importante chez le saule pourpre – également appelé « osier pourpre ». L'aspirine (acide acétylsalicylique) est un dérivé de la salicyline, obtenu par synthèse.

Saule drapé

Salix elaeagnos (salicacées)

H 3-6 m avr.-mai

Habitat *Spontané dans les montagnes du centre et du sud de l'Europe. Fréquemment planté. Produit une profusion de chatons avant ou en même temps que la feuillaison.*

- > ***La feuille rappelle un peu celle de la lavande.***
- > ***Peut aussi pousser sur des sols desséchés.***
- > ***Feuilles jaune d'or en automne.***

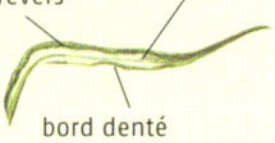

Le saule drapé forme souvent des peuplements denses sur les rives caillouteuses des rivières de montagne. Dans ce type d'habitat, c'est une espèce pionnière qui contribue à fixer les sols. On le plante aussi à cet usage dans les gravières et les talus d'éboulis. Grâce à sa floraison précoce et abondante, l'arbuste sert également à l'ornement des parcs et des espaces verts.

Aulne vert

Alnus viridis (bétulacées)

H 1-3 m avr.-juin

Dans les Alpes, l'aulne vert est une espèce pionnière qui colonise les zones d'éboulis sur les versants ombragés situés au-dessus de la limite des forêts. Il est également planté dans un but protecteur, pour empêcher l'érosion et le départ d'avalanches, et permettre ainsi le reboisement avec d'autres essences.

Habitat *Pousse dans les montagnes du centre et du sud de l'Europe. Forme souvent de vastes peuplements, en particulier au-dessus de la limite des forêts.*

> ***Port étalé souvent couché.***
> ***Supporte de longues périodes d'enneigement.***
> ***Également appelé « aulne des Alpes ».***

Bouleau peu élevé

Betula humilis (bétulacées)

H 0,5-2 m avr.-mai

Ce bouleau arbustif est une relique de la dernière époque glaciaire. Il existe encore des peuplements importants dans le nord de l'Europe et en Sibérie. Il supporte les fortes gelées et s'accommode d'une courte saison de végétation. Le bouleau nain (*Betula nana*), également répandu dans le Nord, reste plus petit et ses feuilles ne dépassent pas 1,5 cm.

Habitat *Spontané du nord-est de l'Europe au sud de l'Allemagne. Les fruits ovoïdes sont dressés sur les rameaux.*

> ***Exige un sol humide.***
> ***Espèce pionnière.***
> ***En Europe centrale pousse uniquement dans les marais.***

Noisetier

Corylus avellana (corylacées)

H 2-7 m févr.-avr.

Habitat *Spontané dans toute l'Europe, dans les bois de feuillus, les lisières de forêts et les haies. Planté dans les parcs et les jardins. Les fruits mûrissent à partir de septembre.*

- > **Fleurit parfois déjà en décembre.**
- > **Le pollen est dispersé par le vent.**
- > **Peut provoquer des allergies.**

Les noisettes sont riches en lipides, protéines, minéraux et vitamines. Pour les Celtes et les Vikings, le noisetier était un arbre sacré, censé éloigner les sorcières et les mauvais esprits. Ses tiges droites et souples servent encore aujourd'hui à fabriquer des bâtons pour la marche, des baguettes de coudrier et des objets en vannerie. Les noisettes du commerce viennent souvent du noisetier de Lombardie (*Corylus maxima*) qui donne de plus gros fruits.

Le saviez-vous ?

*Fréquemment planté pour l'ornement, le noisetier tortueux (*Corylus avellana 'Contorta'*) a un mode de croissance différent de celui qu'on rencontre habituellement chez les plantes, donnant des rameaux tordus et contournés.*

Chêne kermès

Quercus coccifera (fagacées)

H 0,5-4 m   mars-mai

Le chêne kermès est parasité par une cochenille. La femelle, pouvant atteindre la grosseur d'un pois, contient un liquide rouge qui peut servir à élaborer une teinture rouge carmin. Très utilisée jusqu'au XIXe siècle, elle fut alors supplantée par la cochenille du nopal, un cactus du Mexique, qui était nettement plus productive.

Habitat *Spontané dans les maquis et les garrigues du bassin méditerranéen. Les fruits qui mûrissent en 2 ans sont souvent plus grands que les feuilles.*

> ***Feuilles persistantes.***
> ***Les feuilles ressemblent à celles du houx (p. 115).***
> ***Pourrait donner un arbre sans le broutage des chèvres et les feux.***

Berbéris de Juliana

Berberis julianae (berbéridacées)

H 2-3 m   mai-juin

Il existe près de 500 espèces de berbéris (ou épine-vinette), dont beaucoup sont utilisées dans les jardins. Le berbéris de Juliana, très robuste, est l'un des plus fréquemment planté. Le nom du genre, *Berberis*, viendrait du mot arabe *berberys* qui désigne les fruits de la plante.

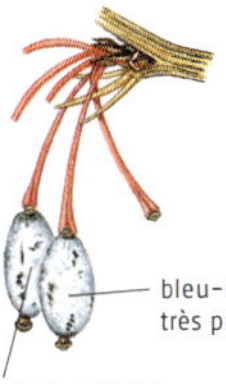

Habitat *Originaire de Chine. En Europe, dans les jardins, les parcs et les espaces verts. Persistantes, les vieilles feuilles se colorent néanmoins souvent à l'automne.*

> ***Feuillage persistant.***
> ***Se taille bien en haie.***
> ***Toxique !***

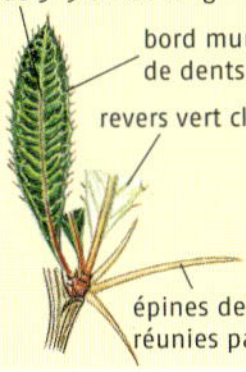

Épine-vinette

Berberis vulgaris (berbéridacées)

H 1-3 m mai-juin

Habitat *Spontané dans le centre et le sud de l'Europe, dans les lisières forestières, les haies, les broussailles. Planté pour l'ornement. Les baies sont réunies en grappes pendantes.*

> ***A besoin de chaleur en été.***
> ***Essence appréciée des oiseaux.***
> ***Toxique à l'exception du fruit mûr !***

Contrairement à ceux de la plupart des autres espèces de berbéris, les fruits de l'épine-vinette sont comestibles une fois mûrs – ils sont cependant très acidulés. Autrefois, les gens démunis les pressaient et utilisaient le jus à la place du vinaigre. Aujourd'hui, on peut trouver dans les commerces spécialisés des baies séchées utilisées en cuisine pour relever la saveur de certains plats.

Le saviez-vous ?

Son écorce contient une substance jaune qui était utilisée pour teindre la laine, le cuir, la soie et le coton. Des extraits d'écorce sont également préconisés pour soulager les affections du foie et de la vésicule, ainsi que les rhumatismes.

Camélia du Japon

Camellia japonica (théacées)
H 2-10 m   janv.-avr.

Le camélia du Japon fait partie des arbustes d'ornement persistants les plus prisés au Japon et en Chine, et aussi dans le sud de l'Europe. Le théier (*Camellia sinensis*) est au contraire une plante très importante pour l'économie : ses feuilles séchées ou fermentées donnent après infusion différents types de thés.

Habitat *Spontané au Japon. Nombreuses variétés horticoles. Cultivé en pot dans les régions froides. Fleurs doubles chez de nombreuses variétés.*

> ***Port dressé ou étalé.***
> ***A besoin de beaucoup de chaleur.***
> ***Fleurs de différents coloris selon les variétés.***

Corylopsis

Corylopsis pauciflora (hamamélidacées)
H 1-1,5 m   mars-avr.

Les feuilles ainsi que les inflorescences jaune clair rappellent un peu celles du noisetier (p. 198). Pour les fleurs cependant, cela ne vaut que pour une observation de loin : chez le corylopsis, ce sont les pétales qui sont jaune clair, alors que chez le noisetier, ce sont les étamines.

Habitat *Indigène dans les montagnes du Japon. En Europe, dans les jardins. Fleurit avant la feuillaison.*

> ***Les fleurs gardent longtemps leur attrait.***
> ***Feuilles jaunes en automne.***
> ***Parfois appelé « faux noisetier ».***

Hamamélis hybride

Hamamelis x *intermedia* (hamamélidacées)

H 3-5 m déc.-mars

Habitat *Origine horticole. Il existe plusieurs variétés pour l'ornement des parcs et des jardins. Fleurit très tôt, bien avant la feuillaison.*

- > ***Les feuilles ressemblent à celles du noisetier (p. 198).***
- > ***Les pétales s'enroulent par temps froid.***
- > ***La floraison peut durer plusieurs semaines.***

Cet hybride a vu le jour en Belgique au début du XXe siècle. Il est issu d'un croisement entre l'hamamélis du Japon (*Hamamelis japonica*) et l'hamamélis de Chine (*Hamamelis mollis*). L'attrait de cet arbuste réside dans sa floraison hivernale. Les fleurs s'épanouissent dès que le temps se radoucit et supportent sans problème des températures allant jusqu'à – 10 °C. Les fruits mûrs s'ouvrent en explosant et projettent les graines au loin.

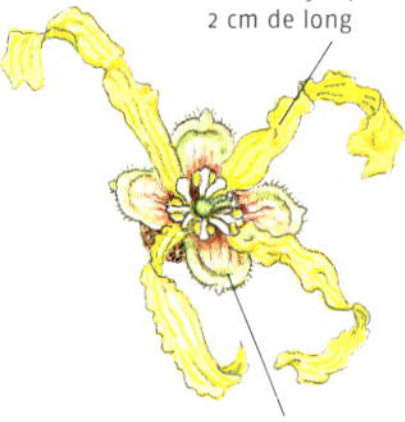

Le saviez-vous ?

*Originaire de l'est de l'Amérique du Nord, l'hamamélis de Virginie (*Hamamelis virginiana*) fleurit déjà au moment de la chute des feuilles en automne. Ses feuilles et son écorce contiennent une essence utilisée pour soulager certaines maladies de peau.*

Hortensia

Hydrangea macrophylla (hydrangéacées)
H 1-1,5 m juill.-sept.

La couleur des fleurs peut évoluer chez certaines variétés : un hortensia acheté bleu en pépinière peut produire des fleurs roses l'année suivante. Cela est dû au fait que la plante manque d'aluminium nécessaire à la coloration bleue de ses fleurs. Pour retrouver ce coloris, il faut utiliser un engrais spécial ou de l'alun et arroser la plante avec de l'eau de pluie ou de l'eau du robinet neutralisée au vinaigre.

Habitat *Originaire du Japon et de Corée. Nombreuses variétés cultivées dans les jardins et en pot. Le même arbuste peut porter des fleurs de différentes couleurs.*

> ***Fleurs blanches, roses ou bleues.***
> ***Se plaît dans les sols frais.***
> ***Boutons floraux sensibles aux gelées tardives.***

Deutzia

Deutzia scabra (saxifragacées)
H 2-3 m mai-juin

Il existe de nombreuses variétés de deutzia pour le jardin. Toutes ont en commun une grande facilité de culture et une floraison luxuriante. Elles se multiplient facilement par bouturage, si bien qu'on les trouve généralement chez les pépiniéristes à des prix très avantageux.

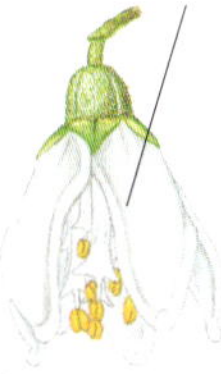

Habitat *La forme sauvage est indigène au Japon. En Europe, variétés horticoles dans les parcs et les jardins. Les feuilles sont parfois tachetées de clair.*

> ***Feuilles opposées.***
> ***Les fleurs sentent le miel.***
> ***Il existe des variétés à fleurs doubles.***

Seringat

Philadelphus coronarius (saxifragacées)

H 1-3 m   mai-juin

Habitat *Spontané dans l'est du bassin méditerranéen et en Asie Mineure. Planté dans les parcs et les jardins. Fleurs souvent réunies en bouquets par 5-9.*

- > ***Fleurs très odorantes.***
- > ***Arbuste d'ornement très commun, peu exigeant, rustique.***
- > ***Le nom s'écrit parfois « seringa ».***

Les fleurs de seringat dégagent un si fort parfum de jasmin que l'arbuste est fréquemment confondu avec le jasmin blanc (voir encadré). Même si les fleurs ne fournissent aucune essence utilisable en parfumerie, il suffit d'un rameau fleuri pour embaumer une pièce. Les tiges servaient autrefois à fabriquer des flûtes. Au XVIIIe siècle, on en faisait aussi de longs tuyaux de pipe.

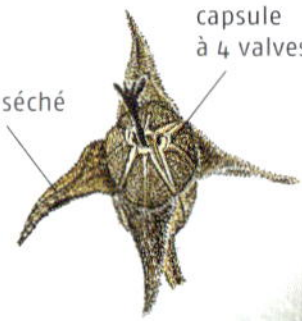

Le saviez-vous ?

*Le jasmin blanc (*Jasminum officinale*) est un arbuste grimpant originaire d'Asie et cultivé dans le sud de l'Europe. Ses fleurs fournissent une essence prisée en parfumerie. Non rustique, il se cultive uniquement en pot dans les régions plus froides.*

Spirée du Japon

Spiraea japonica (rosacées)
H 30-60 cm juin-juill.

Ces arbustes peu exigeants sont souvent plantés serrés pour couvrir de vastes étendues. Comme ils supportent bien la taille, ils sont également utilisés en haies et en plates-bandes le long des rues. Le nectar sucré que produisent les fleurs attire de nombreux insectes.

Habitat *Forme sauvage indigène au Japon. Variétés horticoles dans les parcs et les jardins. Les fleurs sont réunies en bouquets denses aplatis.*

- ***La floraison peut être blanche.***
- ***Arbuste à floraison estivale très apprécié.***
- ***Peu exigeant.***

Spirée de Van Houtte

Spiraea x *vanhouttei* (rosacées)
H 2-3 m mai-juin

Parmi les spirées à fleurs blanches, il existe un choix important d'espèces et de variétés proches, toutes intéressantes pour l'ornement du jardin. Théophraste, un philosophe grec de l'Antiquité, mentionne *speiraia* comme un arbuste servant à faire des guirlandes. Ce nom s'applique parfaitement à ces arbustes aux longs rameaux florifères.

Habitat *Hybride obtenu en Belgique vers 1860. Fréquent dans les parcs, les jardins et les espaces verts. Se distingue par l'abondance de sa floraison.*

- ***A besoin d'une situation ensoleillée.***
- ***Se prête à la confection de bouquets.***
- ***Il existe une variété à feuilles tachées de blanc.***

Amélanchier commun

Amelanchier ovalis (rosacées)

H 1-3 m avr.-mai

Les racines de l'amélanchier s'insèrent profondément dans les crevasses du sol, ce qui permet à l'arbuste de trouver suffisamment d'humidité même dans les sols caillouteux secs. Les fruits comestibles, à la saveur sucrée, étaient autrefois utilisés dans certaines régions comme substitut des raisins secs.

***Habitat** Spontané dans le sud et le centre de l'Europe, sur les rochers, les éboulis, dans les bois secs et ensoleillés. Les fleurs sont réunies en bouquets par 3-6.*

> ***Floraison généralement abondante.***
> ***Jeunes feuilles feutrées de blanc, devenant glabres.***
> ***Fruit moins parfumé que chez l'espèce suivante.***

Amélanchier d'Amérique

Amelanchier lamarckii (rosacées)

H 6-8 m mai

Cet arbuste est habituellement planté dans les jardins dans un but ornemental. Il produit cependant des fruits sucrés et savoureux, dont le parfum rappelle un peu celui de la myrtille (p. 212). Noirs et bien mûrs, ils sont utilisés pour faire de la confiture, de la gelée ou de la liqueur. Les graines des fruits non mûrs peuvent provoquer des maux de ventre si elles sont mastiquées.

***Habitat** Indigène dans l'est de l'Amérique du Nord. En Europe, dans les parcs et les jardins, aussi naturalisé. Les feuilles deviennent orange à rouges en automne.*

> ***Feuilles cuivrées quand elles sortent.***
> ***Inflorescences composées de 8-10 fleurs.***
> ***Les fruits attirent les oiseaux.***

Cognassier à fleurs

Chaenomeles sp. (rosacées)

H 0,5-3 m mars-avr.

Les premiers cognassiers à fleurs furent introduits en Europe à la fin du XVIIIe siècle. Depuis, les chercheurs se sont intéressés à l'arbuste, principalement en raison de sa belle floraison. Décoratif et peu exigeant, il s'est rapidement imposé comme arbuste d'ornement. Les fruits durs ont une odeur agréable – les maîtresses de maison les plaçaient autrefois dans les armoires à linge. On peut aussi en faire des confitures et des gelées.

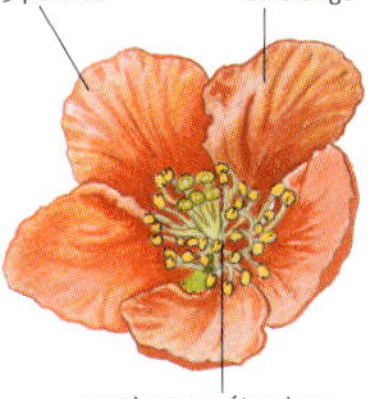

***Habitat** Originaire de l'est de l'Asie. En Europe, nombreuses variétés dans les parcs et les jardins. Les fruits ressemblent à des coings (p. 68).*

> ***Refleurit souvent à l'automne.***
> ***Les fruits mûrissent de septembre à novembre.***
> ***Nombreuses variétés horticoles.***

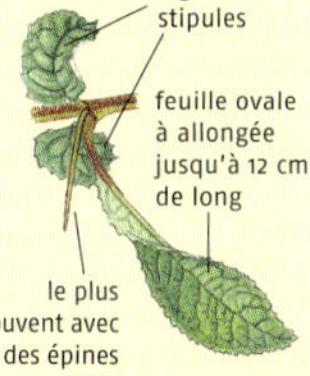

Le saviez-vous ?

Il existe des plantations de cognassiers à fleurs pour la production de fruits, en particulier en Lettonie, où le fruit est appelé « citron du nord ». Riche en vitamine C, le jus extrait du fruit est utilisé comme du jus de citron.

Buisson ardent

Pyracantha coccinea (rosacées)

H 1-3 m   mai-juin

Habitat *Forme sauvage dans le sud de l'Europe. Variétés ornementales dans les jardins, les parcs, en haies. Produit d'innombrables fleurs blanches d'environ 8 mm de large.*

> ***Le nom se réfère à la teinte vive des fruits.***
> ***Les feuilles ne tombent généralement qu'au printemps.***
> ***Parfait pour la nidification des oiseaux.***

Outre ses épines, ce bel arbuste présente un autre inconvénient : il est sensible au feu bactérien, une maladie bactérienne grave qui s'attaque à divers membres de la famille des rosacées et a fait beaucoup de dégâts dans les vergers. Les arbustes atteints présentent des rameaux desséchés portant des feuilles et des fruits brun noirâtre.

Corête du Japon

Kerria japonica (rosacées)

H 1-2 m   mai-juin

Habitat *Originaire du centre et du sud-ouest de la Chine. En Europe dans les jardins, les parcs et les espaces verts. Les fleurs doubles ressemblent à des petites roses.*

> ***Occasionnellement naturalisé.***
> ***Peu exigeant.***
> ***Feuilles bordées de blanc chez certaines variétés.***

Bien avant qu'il s'installe chez nous, le corête du Japon ornait déjà les jardins chinois. C'est là-bas également qu'a vu le jour la variété à fleurs doubles qui, introduite en Europe au début du XIXe siècle, s'y est aussitôt largement répandue. La forme à fleurs simples est bien plus rarement plantée.

Prunellier

Prunus spinosa (rosacées)

H 1-3 m mars-avr.

Le prunellier est également appelé « épine noire », en référence à la teinte sombre de ses rameaux, comparativement à l'épine blanche (p. 221). Les arbustes offrent un refuge et un lieu de nidification appréciables à de nombreux animaux. Les fruits persistent longtemps sur les rameaux. Blets, ils servent à préparer des boissons alcoolisées.

***Habitat** Spontané dans toute l'Europe, dans les lisières de forêt, les haies ensoleillées. D'abord couverts d'une pruine bleue, les fruits virent après au noir bleuté.*

> ***Fleurs généralement solitaires, rarement par 2.***
> ***Fleurit avant la feuillaison.***
> ***Les fruits sont moins âpres après la première gelée.***

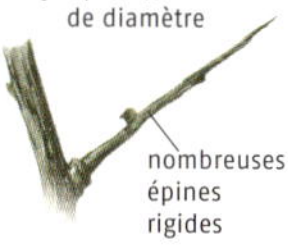

Épine du Christ

Paliurus spina-christi (rhamnacées)

H 2-3 m mai-sept.

Même si les rameaux de cet arbuste sont épineux, ils ne constituaient sans doute pas la couronne d'épines du Christ. Les scientifiques pensent qu'il s'agissait plutôt d'une autre espèce de la famille des rosacées, *Sarcopoterium spinosum*, un arbuste commun en Israël. Le nom « épine du Christ » est utilisé pour différentes plantes épineuses.

***Habitat** Spontané dans le bassin méditerranéen, dans les maquis et les garrigues, et en lisière de forêt. Facile à reconnaître à ses fruits caractéristiques.*

> ***Les fleurs attirent de nombreux insectes.***
> ***Les fruits persistent sur l'arbuste en hiver.***
> ***Supporte la sécheresse.***

Fusain d'Europe

Euonymus europaeus (célastracées)
H 1,5-3 m mai

Habitat *Spontané dans presque toute l'Europe, dans les haies, les forêts alluviales, en lisière de forêt et sur les berges de cours d'eau. Se distingue à ses fruits colorés.*

> ***Feuilles opposées.***
> ***Feuillage orange à rouge vif en automne.***
> ***Toxique !***

Le bois fournit le fusain, un charbon de bois ferme apprécié des dessinateurs. Autrefois, le bois dur et très durable servait à fabriquer des aiguilles à tricoter, des chevilles et des quenouilles. L'arbuste est également appelé « bonnet de prêtre » ou « bonnet d'évêque » en référence à l'aspect des fruits.

Le saviez-vous ?

Il arrive souvent que les rameaux soient défoliés dès la fin du printemps et couverts d'un réseau de fils dense. Il s'agit en fait de chenilles tisseuses, larves d'un lépidoptère. Elles se nymphosent sur l'arbuste, libérant en juillet des papillons blancs ponctués de noir.

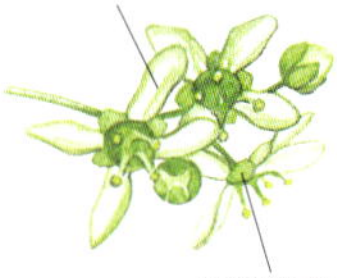

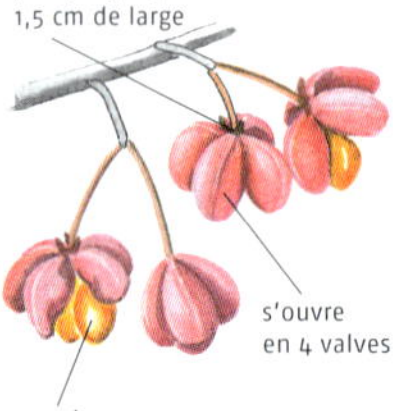

Aucuba du Japon

Aucuba japonica (cornacées)
H 2-2,5 m   mars-avr.

L'aucuba du Japon fut introduit en Europe à la fin du XVIIIe siècle. Il s'agissait de pieds femelles et il fallut attendre près d'un siècle pour voir arriver des pieds mâles et obtenir des fruits. Les variétés à feuillage tacheté de jaune sont très prisées dans les jardins ou, cultivées en pot, dans les vérandas.

Habitat *Spontané en Chine, au Japon et en Corée. En Europe, dans les parcs et les jardins, cultivé en pot dans les régions très froides. Les fruits persistent sur l'arbuste en hiver.*

> ***Feuilles persistantes coriaces.***
> ***Floraison très discrète.***
> ***Supporte les situations ombragées.***

Raisin d'ours des Alpes

Arctostaphylos alpina (éricacées)
H 10-30 cm   mai

Autrefois, dans certains coins de Suisse, les vachers des alpages étanchaient leur soif avec les fruits mûrs à la saveur âpre de cet arbuste. Dans d'autres régions, au contraire, les baies étaient considérées comme toxiques. Dans les Alpes, ce petit arbuste pousse souvent en association avec un autre raisin d'ours (p. 184).

Habitat *En Arctique et dans les hautes montagnes d'Europe. Les fleurs apparaissent en même temps que les feuilles.*

> ***Les fruits mûrissent l'année qui suit la floraison.***
> ***Exige un sol humide.***
> ***Convient aux rocailles.***

Myrtille

Vaccinium myrtillus (éricacées)

H 15-50 cm   avr.-juin

Habitat *Spontané dans le nord et le centre de l'Europe et les montagnes du sud de l'Europe. Dans les forêts et les landes marécageuses. Couvre souvent de grandes surfaces.*

> ***Rameaux nettement anguleux.***
> ***Fruit sauvage recherché.***
> ***Fruit appelé « brimbelle » dans les Vosges.***

Les myrtilles sont des fruits savoureux, riches en minéraux et en vitamines. Fraîches, elles ont une action plutôt purgative, tandis que les fruits séchés et le jus combattent la diarrhée. Quand on récolte les myrtilles, il faut savoir qu'elles ne tachent pas seulement les doigts, mais aussi les vêtements et cela de manière tenace. Autrefois, on utilisait le jus pour colorer la laine, les cartes à jouer et le vin.

Le saviez-vous ?

Les nombreuses variétés cultivées viennent de l'espèce nord-américaine Vaccinium corymbosum. *L'arbuste peut atteindre 2 m de haut et produit des baies à la chair et au jus incolores.*

Forsythia

Forsythia sp. (oléacées)

H 2-3 m   mars-avr.

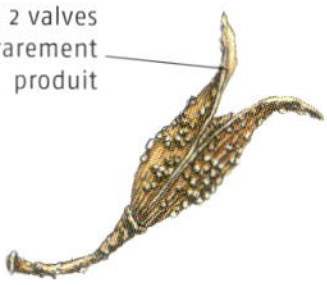

La floraison précoce et luxuriante de cet arbuste séduit la plupart des jardiniers. Bien qu'elles offrent un nectar sucré et un pollen riche en protéines, les fleurs de forsythia ne sont presque jamais butinées par les abeilles. Pour l'instant, personne n'a su en expliquer la cause. C'est pourquoi dans les jardins destinés à la faune sauvage, il est préférable de planter d'autres espèces, des saules par exemple.

***Habitat** Forme sauvage dans l'est de l'Asie. Planté depuis plus d'un siècle en Europe pour l'ornement, en situation ensoleillée. Fleurit avant la feuillaison.*

> ***Accroche le regard dans les jardins au début du printemps.***
> ***Se multiplie par bouturage.***
> ***Nombreuses variétés à fleurs d'un jaune clair à foncé.***

Filaire à feuilles étroites

Phillyrea angustifolia (oléacées)

H 1-3 m   mai-juin

La filaire à feuilles étroites est un arbuste apparenté à l'olivier (p. 79). Ses petits fruits développent autour du noyau dur une chair épaisse, mais ils ne présentent aucun intérêt pour l'homme. Ils sont en revanche consommés par les oiseaux et les petits mammifères qui rejettent les graines avec leurs excréments.

***Habitat** Spontané en région méditerranéenne de l'Espagne à la Croatie, dans les maquis et les bois clairs. Inflorescences odorantes situées à l'aisselle des feuilles.*

> ***Persistant.***
> ***Produit aussi des feuilles à bord lisse.***
> ***Feuilles souvent dirigées vers le haut.***

Arbre aux papillons

Buddleja davidii (scrophulariacées)

H 3-4 m juill.-sept.

Habitat *Originaire des montagnes de l'ouest de la Chine. Planté dans les parcs et les jardins, naturalisé dans les terrains vagues et sur les remblais de chemin de fer. Peut donner des fleurs rouge violacé.*

> ***Floraison odorante surtout le soir.***
> ***A été introduit en Europe vers 1900.***
> ***Aussi appelé « buddleia du père David ».***

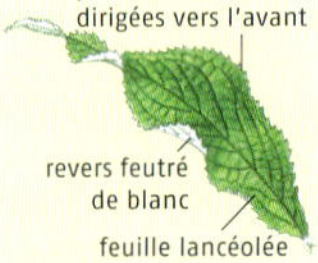

Pour sélectionner de nouvelles variétés, les chercheurs ne tiennent pas compte uniquement de la richesse et de la couleur de la floraison, mais aussi de la résistance au froid. Dans les régions aux hivers rigoureux, l'arbuste peut geler entièrement –il repart toutefois souvent de la souche. Les graines très légères sont dispersées par le vent et peuvent se retrouver collées sur les véhicules, ce qui explique qu'on trouve souvent des arbustes naturalisés dans les terrains vagues des villes, sur les remblais le long des voies de chemin de fer et des routes.

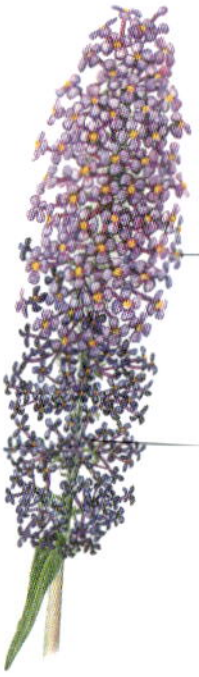

Le saviez-vous ?

Les fleurs produisent un nectar abondant qui attire de nombreux insectes, en particulier les papillons. Cela n'influe cependant pas sur la diversité des espèces car celle-ci dépend avant tout des plantes qui servent de nourriture aux chenilles.

Callicarpa

Callicarpa bodinieri (verbénacées)
H 1,5–2 m juill.–sept.

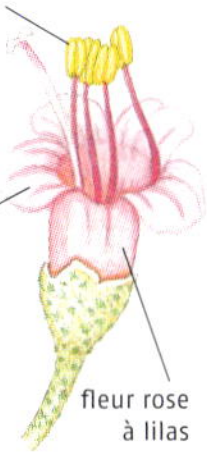

Les fruits colorés du callicarpa persistent longtemps sur les rameaux. Ils se prêtent à la confection de bouquets. Par leur couleur et leur taille, ils rappellent des sucreries, d'où le nom d'« arbuste aux bonbons » qui désigne parfois la plante.

Habitat *Indigène dans le centre et l'ouest de la Chine. Arbuste d'ornement en Europe. Les fruits semblables à des perles persistent sur l'arbuste en hiver.*

> ***Silhouette dressée lâche.***
> ***Peut geler les hivers froids.***
> ***Les fleurs attirent les abeilles et les bourdons.***

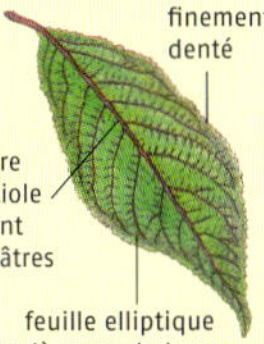

Weigelia

Weigela variétés (caprifoliacées)
H 1–3 m mai–juin

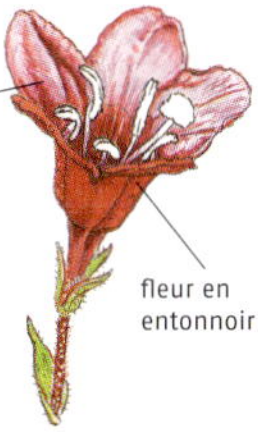

Les pépiniéristes proposent un vaste choix de variétés de weigelia, toutes faciles à cultiver, mais exigeant pour bien fleurir une situation ensoleillée. Les plantes se multiplient facilement par bouturage. Certaines variétés refleurissent en automne, mais moins abondamment qu'au printemps.

Habitat *Originaire de l'est de l'Asie. Nombreuses variétés horticoles dans les parcs et les jardins en Europe. Chez certaines espèces, les fleurs ont une teinte changeante.*

> ***Feuilles opposées.***
> ***Arbuste à fleurs très décoratif.***
> ***Nombreuses variétés à fleurs blanches à rouge foncé.***

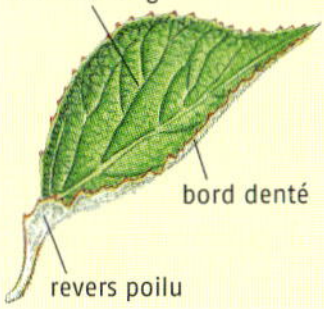

Kolkwitzia

Kolkwitzia amabilis (caprifoliacées)
H 2-3 m mai-juin

Habitat *Indigène en Chine. En Europe, commun dans les parcs et les jardins. Les fleurs forment de gros bouquets fournis.*

> ***Rustique et peu exigeant.***
> ***Pousse au soleil et à mi-ombre.***
> ***Également appelé « buisson de beauté ».***

Il est difficile de croire que ce bel arbuste n'est arrivé en Europe que vers 1900 et qu'il a été alors qualifié de « peu attrayant ». Mais les choses ont vite changé quand le premier arbuste a révélé sa superbe floraison. Le nom du genre honore un botaniste allemand dont le nom de famille vient de la petite ville de Kolkwitz, dans le land de Brandebourg.

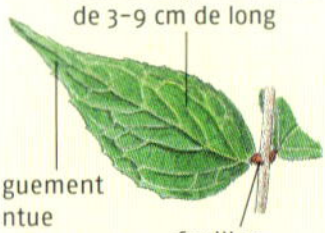

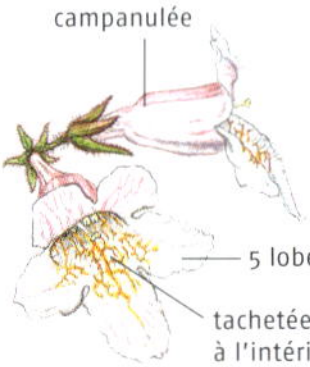

Viorne d'hiver

Viburnum x *bodnantense* (caprifoliacées)
H 2-3 m oct./févr.-mars

Habitat *Hybride horticole. En Europe, fréquemment planté dans les jardins et les espaces verts. Fleurit en plein hiver.*

> ***Les fleurs supportent les faibles gelées.***
> ***Les fleurs sont très parfumées.***
> ***Fruits sans intérêt.***

La viorne d'hiver a été obtenue dans les années 1930, dans le jardin de Bodnant, au pays de Galles, résultat d'un croisement entre la viorne odorante (*Viburnum farreri*) et *Viburnum grandiflorum*. Grâce à sa floraison précoce, abondante et parfumée, l'arbuste est vite devenu un hôte prisé dans les jardins.

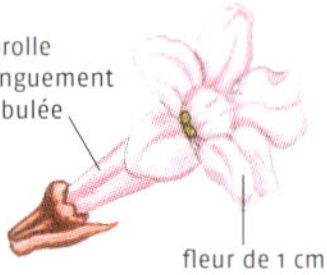

Viorne lantane

Viburnum lantana (caprifoliacées)
H 2-5 m   avr.-mai

Contrairement à la plupart des autres espèces ligneuses, la viorne lantane porte en hiver des bourgeons nus, sans écailles protectrices. Les ébauches de feuilles sont juste recouvertes de poils duveteux. Les paysans utilisaient autrefois les rameaux souples et tenaces pour lier les bottes de foin et les gerbes de céréales.

Habitat *Spontané dans le centre et le sud de l'Europe, dans les fourrés. Plantée dans les jardins et sur les talus. L'inflorescence hémisphérique peut atteindre 10 cm de large.*

> ***Les fleurs dégagent une odeur désagréable.***
> ***Supporte la sécheresse.***
> ***Peu exigeant.***

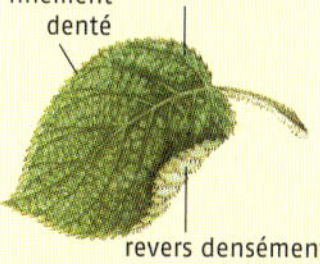

Viorne de Chine

Viburnum plicatum (caprifoliacées)
H 1,5-3 m   mai-juin

La viorne de Chine a donné naissance à de nombreuses variétés horticoles, toutes très décoratives. Leur attrait réside autant dans leur silhouette que dans leur floraison, leur fructification et leur teinte d'automne. Au jardin, elles se plaisent dans un sol frais légèrement acide. Elles poussent mal dans les sols très calcaires.

Habitat *Originaire de Chine, du Japon et de Taïwan. En Europe, dans les parcs et les jardins. Inflorescences souvent en boule ne comprenant que des fleurs stériles.*

> ***Fleurit longtemps.***
> ***Fruits d'abord rouges, puis noirs à maturité.***
> ***Feuilles brun violacé en automne.***

Cassis

Ribes nigrum (grossulariacées)

H 1–2 m avr.-mai

Selon les personnes, l'odeur dégagée par le cassis est agréablement aromatique ou infecte. Les fruits riches en minéraux et en vitamine C se prêtent particulièrement bien à la confection de jus et de liqueur. Aux XVIIIe et XIXe siècles, les feuilles étaient utilisées comme substitut de thés noir et vert, des produits rares et chers à l'époque.

Habitat *Spontané mais rare dans les forêts d'alluvions, dans le centre et le nord de l'Europe. Souvent cultivé pour les fruits. Les fruits ne mûrissent généralement pas en même temps.*

> ***Le feuillage froissé dégage une odeur très aromatique.***
> ***Revers des feuilles ponctué de glandes.***
> ***Rameaux non épineux.***

Groseillier

Ribes rubrum (grossulariacées)

H 1–2 m avr.-mai

La groseille est l'un des fruits indigènes les plus acides. L'égrenage des grappes nettoie les mains aussi bien que le citron. Les groseilles sont particulièrement savoureuses en confiture ou en sorbet mélangées à des framboises ou d'autres fruits. La gelée de groseille entre également dans la composition de la sauce Cumberland.

Habitat *Spontané mais rare dans les forêts d'alluvions du centre et de l'ouest de l'Europe. Variétés cultivées dans les jardins. Les fruits forment des grappes pendantes.*

> ***Les fleurs attirent les abeilles.***
> ***Les baies facilitent la digestion.***
> ***Nombreuses variétés cultivées.***

Groseillier à maquereaux

Ribes uva-crispa (grossulariacées)
H 0,5-1,5 m avr.-mai

La plupart des variétés de groseillier à maquereaux ont été créées après la Seconde Guerre mondiale, alors que la nourriture était rare et que les espèces fruitières indigènes retrouvaient les faveurs des consommateurs. Les fruits sont sucrés ou acides selon les variétés. La « caseille » est issue d'un croisement entre le cassis et le groseillier à maquereaux.

Habitat *Spontané dans presque toute l'Europe, en montagne dans le sud. Espèce fruitière plantée dans les jardins. Fruit jaune, vert ou rougeâtre selon les variétés.*

- ***Fruit apprécié au printemps.***
- ***Nombreuses variétés cultivées.***
- ***Souvent cultivé sur tige.***

Althéa

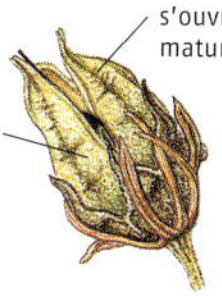

Hibiscus syriacus (malvacées)
H 1,5-2 m juill.-sept.

Le nom scientifique *syriacus* laisse supposer que l'arbuste est originaire de Syrie. Il a cependant été introduit comme arbuste d'ornement en Orient depuis l'est de l'Asie. Il est connu en Europe centrale depuis la fin du XVIe siècle. À l'époque, il était cultivé en pot et hiverné en orangerie. Aujourd'hui, il existe des variétés qui peuvent passer l'hiver dehors en pleine terre.

Habitat *Originaire de l'est de l'Asie. Dans les jardins, dans le sud, le centre et l'ouest de l'Europe. Se distingue par ses grandes fleurs solitaires.*

- ***Ne convient qu'aux régions aux hivers doux.***
- ***A besoin de beaucoup de soleil.***
- ***Nombreuses variétés aux fleurs de différents coloris.***

Ricin

Ricinus communis (euphorbiacées)
H 0,5-4 m   févr.-oct.

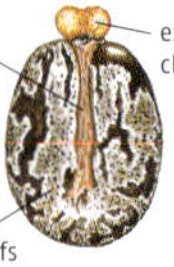

Habitat *Indigène en Afrique tropicale. Plante d'ornement dans le sud et le centre de l'Europe, parfois naturalisée. Fruits plus voyants que les fleurs.*

> ***Pousse avec beaucoup de vigueur.***
> ***Exigeant en chaleur.***
> ***Toxique !***

Dans sa région d'origine, le ricin est un arbre qui peut atteindre 12 m de haut. En région méditerranéenne, il reste arbustif et plus petit. Plus au nord, on le cultive comme une plante annuelle. Les graines fournissent l'huile de ricin, déjà utilisée dans l'Antiquité pour ses propriétés laxatives. Aujourd'hui, elle est employée en cosmétique pour son effet assouplissant sous l'appellation d'« huile de castor ».

Le saviez-vous ?

Outre l'huile, les graines contiennent de la ricine, une toxine redoutable. L'ingestion d'une seule graine peut être fatale. Montées en collier, les graines peuvent également libérer la ricine dans le corps à travers les petites plaies.

Aubépine monogyne

Crataegus monogyna (rosacées)

H 2–6 m mai–juin

Dioscoride, l'un des plus célèbres médecins de l'Antiquité, décrivait déjà l'aubépine monogyne comme une plante médicinale. Au Moyen Âge, on préconisait ses fruits rouges en cas de règles abondantes et de diarrhée, et ses noyaux durs contre les calculs rénaux et biliaires. Son action stimulante sur la fonction cardiaque n'a été découverte que plus tard.

Habitat *Spontané dans presque toute l'Europe, dans les haies, les bois clairs, les fourrés, sur les rochers. Les fleurs apparaissent après les feuilles.*

> ***Branches épineuses.***
> ***Plante médicinale connue.***
> ***Fleurit un peu plus tard que l'épine blanche.***

Épine blanche

Crataegus laevigata (rosacées)

H 2–10 m mai–juin

Les remèdes à base d'extraits d'aubépine sont parmi les plus fréquemment achetés. Ils agissent sur la fonction cardiaque en stimulant la circulation et abaissant la pression sanguine. Pour une action efficace, peu importe si les parties utilisées sont les feuilles, les fleurs ou les fruits, mais il faut que la durée du traitement soit au moins de 6 semaines.

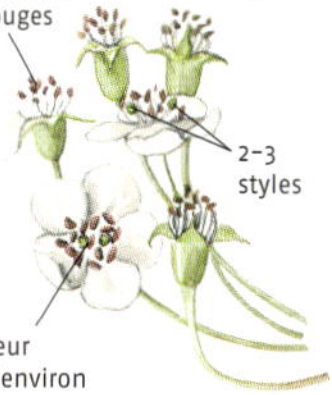

Habitat *Spontané dans presque toute l'Europe, dans les forêts de feuillus, les haies, les fourrés. Généralement sur sol calcaire. Les fruits rouges (cenelles) contiennent 2–3 graines.*

> ***Branches épineuses.***
> ***Les fleurs dégagent une odeur désagréable.***
> ***Également appelée « aubépine épineuse ».***

Ronce odorante

Rubus odoratus (rosacées)

H 1,5-2 m juin-août

Habitat *Indigène en Amérique du Nord, en lisière de forêt et sur les pentes caillouteuses. En Europe, dans les parcs et les espaces verts. Produit des fleurs rouge rosé.*

> ***Tiges couvertes de poils raides.***
> ***Fruit se désagrégeant souvent en petits fruits individuels.***
> ***Floraison odorante.***

Contrairement à la ronce à mûres (p. 228) et à ses variétés cultivées, la ronce odorante produit des fruits non comestibles. Elle reste cependant une plante décorative pour la mi-ombre et les sols légèrement humides. Elle peut s'étendre largement par drageonnage.

Amandier de Chine

Prunus triloba (rosacées)

H 1,5-3 m mars-mai

Habitat *Originaire de Chine. En Europe, variétés horticoles plantées dans les jardins. Les fleurs doubles, roses, sont caractéristiques.*

> ***Produit aussi souvent des feuilles elliptiques non lobées.***
> ***Fleurit avant ou en même temps que la feuillaison.***
> ***Fructifie rarement.***

Contrairement à l'amandier (p. 107), cette espèce est exclusivement ornementale. En Europe centrale, l'arbre ne dévoile sa beauté qu'en situation chaude, car les fleurs sont très sensibles aux gelées tardives. Il existe également des formes conduites sur tige.

Viorne obier

Viburnum opulus (caprifoliacées)

H 2-4 m   mai-juin

Les fleurs de la périphérie sont stériles, mais si voyantes qu'elles attirent les insectes vers les minuscules fleurs fertiles situées au centre. Certaines variétés horticoles ont des fleurs « doubles », uniquement composées de fleurs stériles et dont l'aspect évoque des « boules de neige ». Les fruits ne sont mangés par les oiseaux qu'en période de disette et restent souvent sur l'arbuste jusqu'au printemps. Chez l'homme, ils peuvent provoquer diarrhées, vomissements et brûlure dans la bouche.

Le saviez-vous ?

*La viorne obier se remarque parfois moins par ses fleurs ou ses fruits que par ses feuilles découpées en dentelle. Cette défoliation est due aux larves vert-jaune ponctuées de noir de la chrysomèle de la viorne (*Pyrrhalta viburni*), un coléoptère brun foncé.*

Habitat *Spontané dans toute l'Europe, dans les forêts alluviales, les haies, en lisière des forêts, au bord des eaux. Inflorescences blanches jusqu'à 10 cm de large.*

- **> *Feuilles opposées.***
- **> *Rameaux dégageant une odeur désagréable à la cassure.***
- **> *Glandes à la base du limbe.***

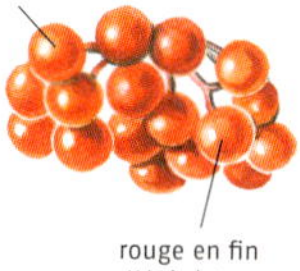

Mahonia à feuilles de houx

Mahonia aquifolium (berbéridacées)

H 0,5-1,5 m avr.-mai

Habitat *Originaire de l'ouest de l'Amérique du Nord. Arbuste d'ornement en Europe, parfois naturalisé. Les fleurs sont réunies en grappes denses.*

> ***Intérieur de l'écorce et bois teintés de jaune.***
> ***Pousse au soleil comme à l'ombre.***
> ***Réussit également dans les zones industrielles.***

Les baies nourrissent les merles et autres oiseaux chanteurs durant l'hiver. Ceux-ci dispersent les graines dans leurs fientes et contribuent à la naturalisation de l'arbuste. Ingérés en grande quantité, les fruits crus peuvent provoquer chez l'homme nausées et fièvre. Cuits et passés au tamis, ils peuvent tout de même servir à colorer et acidifier gelées et confitures.

Potentille arbustive

Potentilla fruticosa (rosacées)

H 0,4-1,2 m mai-sept.

Habitat *Montagnes de l'hémisphère Nord. Rare en Europe. Souvent planté dans les jardins. Fleurit généralement à l'extrémité des rameaux.*

> ***Convient pour créer des haies basses.***
> ***Attire les abeilles.***
> ***Il existe des variétés à fleurs rouges ou blanches.***

Chez la plupart des espèces du même genre, les feuilles sont palmées, c'est-à-dire composées de folioles, généralement 5, s'insérant au même point. Chez la potentille arbustive, par contre, la feuille est pennée. L'arbuste est très peu exigeant et fleurit de longues semaines, ce qui en fait une plante très appréciée des jardiniers.

Églantier

Rosa canina (rosacées)

H 1-3 m   juin-juill.

Les fruits, appelés cynorhodons, donnent une tisane parfumée, aigrelette, et une confiture riche en vitamine C. Ils contiennent des poils, le « poil à gratter », très irritants pour la peau. L'églantier est également appelé « rosier des chiens », à cause de la racine qui, jadis, était censée guérir la rage. Les Anciens le considéraient aussi comme un symbole de la survivance de l'âme après la mort.

Habitat *Spontané dans toute l'Europe, dans les haies, les lisières de forêt, le long des chemins, sur les pelouses sèches. Les fleurs d'un arbuste peuvent être blanches ou roses.*

> ***Floraison odorante.***
>
> ***Les aiguillons aident l'arbuste à grimper.***
>
> ***Utilisé comme porte-greffe pour les rosiers d'ornement.***

Le saviez-vous ?

*Les églantiers présentent souvent des boules hérissées de longs filaments. Il s'agit de la galle chevelue – ou bédéguar – du rosier, due à un hyménoptère, le cynips du rosier (*Diplolepis rosae*). Le bédégar est utilisé comme astringent en phytothérapie.*

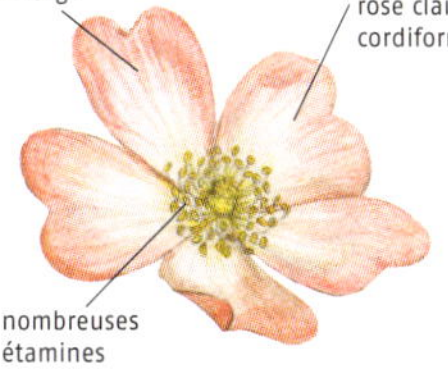

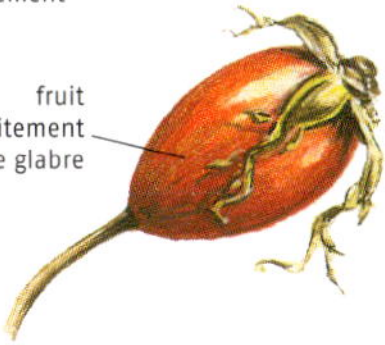

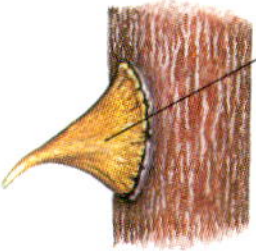

Rosier glauque

Rosa glauca (rosacées)

H 1-3 m juin-juill.

***Habitat** Spontané dans les montagnes du centre et du sud de l'Europe, dans les fourrés secs et les rocailles. Les fleurs brillent entre les feuilles sombres.*

- ***Un rosier sauvage au feuillage particulièrement décoratif.***
- ***Modérément épineux.***
- ***Également appelé « rosier à feuilles rouges ».***

Les racines du rosier glauque réussissent à se faufiler dans les crevasses du sol et à trouver de l'humidité en profondeur dans les sols apparemment secs. Grâce à ses fleurs aux teintes contrastées et à la belle teinte de son feuillage, l'arbuste est prisé pour l'ornement des jardins. Peu exigeant, il est également planté dans les massifs le long des rues.

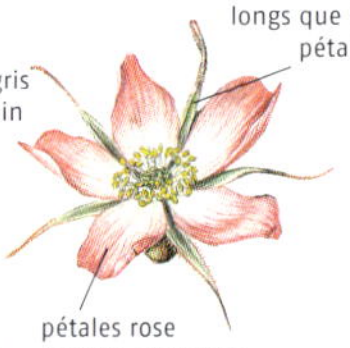

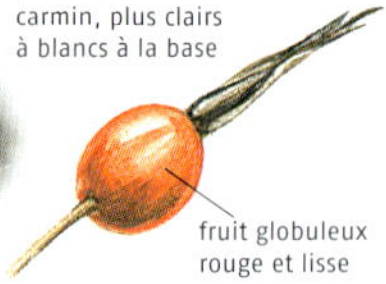

Rosier rouillé

Rosa rubiginosa (rosacées)

H 1-3 m juin-juill.

***Habitat** Spontané dans toute l'Europe, dans les fourrés, sur les pelouses sèches, en lisière de forêt, sur les pentes rocailleuses. Fruits orangés avec des soies glanduleuses sur le pédoncule.*

- ***Facile à reconnaître à son odeur.***
- ***Préfère les situations chaudes.***
- ***Les fruits se consomment en tisane.***

Le feuillage du rosier rouillé dégage une odeur de pomme fraîche, surtout en début d'été. Le proverbe « Pas de rose sans épine » devrait se dire, d'un point de vue botanique, « Pas de rose sans aiguillon ». En effet, l'aiguillon est formé à partir de cellules superficielles – et se détache donc facilement sans abîmer le rameau –, alors que les épines ont une origine plus profonde.

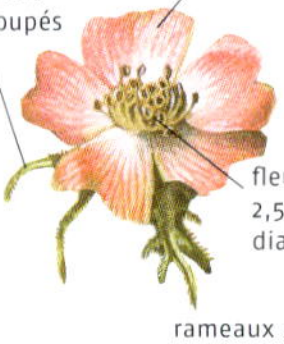

Rosier rugueux

Rosa rugosa (rosacées)
H 1-2,5 m juin-sept.

Les gros fruits produisent une chair bien plus épaisse que ceux de l'églantier (p. 225). Ils peuvent être préparés de la même façon. Les créateurs de nouvelles variétés utilisent le rosier rugueux dans les croisements pour sa floraison remontante. Le pic de floraison se situe en juin, mais l'arbuste continue à produire des fleurs jusqu'à la mi-septembre.

Habitat *Originaire de l'est de l'Asie. En Europe, planté en haie, en massifs, sur les dunes, également naturalisé. Fruits globuleux aplatis caractéristiques.*

> ***Fleurit et fructifie souvent en même temps.***
> ***Floraison odorante.***
> ***Tolère les sols salés.***

Framboisier

Rubus idaeus (rosacées)
H 0,5-2 m mai-juin

Riches en vitamines, les framboises ont un parfum délicieux et prononcé. Utilisées dans les mélanges pour tisanes, les feuilles séchées assurent grâce à leur feutrage une répartition homogène des constituants. À côté des diverses variétés horticoles, on trouve aussi aujourd'hui dans les jardins des espèces d'origine américaine.

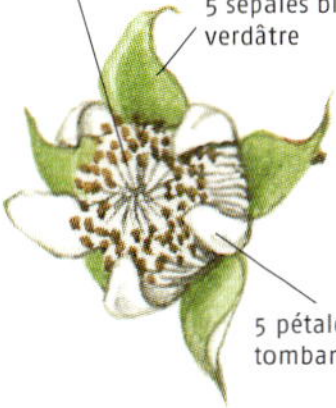

Habitat *Spontané dans toute l'Europe, dans les clairières, le long des chemins, sur les éboulis. Facile à reconnaître par ses fruits typiques.*

> ***Le fruit cueilli est creux.***
> ***Dans les jardins depuis le Moyen Âge.***
> ***Exige un sol frais.***

Ronce à mûres

Rubus fruticosus (rosacées)

H 0,5-2 m   mai-août

Habitat *Spontané dans toute l'Europe, dans les fourrés, les haies, les lisières forestières, les friches. Les tiges vigoureuses peuvent ramper ou grimper.*

- ***Les feuilles restent vertes durant l'hiver.***
- ***Le fruit cueilli n'est pas creux.***
- ***Forme, teinte et pubescence des feuilles très variables.***

Les épines empêchent les tiges de glisser quand elles rampent sur le sol ou grimpent sur les plantes avoisinantes. Les feuilles sont riches en tannins et en acides. En infusion, elles soulagent les diarrhées et les inflammations de la muqueuse buccale.

Ronce bleuâtre

Rubus caesius (rosacées)

H 0,5-1 m   mai-août

Habitat *Spontané dans presque toute l'Europe, dans les forêts alluviales, les haies, les friches, sur les berges des rivières, en lisière des forêts. Pruine bleue des fruits caractéristique.*

- ***Fruit cueilli n'est pas creux.***
- ***Indique un sol compact.***
- ***Peut se croiser avec la ronce à mûres.***

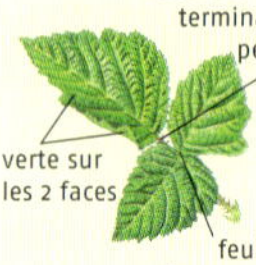

Les fruits juteux sont nettement moins parfumés et généralement plus âpres que les mûres. Mélangés à d'autres fruits sauvages, ils peuvent cependant être utilisés pour faire des confitures ou une liqueur savoureuse. Le cueilleur de mûres peut donc sans crainte récolter aussi les fruits de la ronce bleuâtre.

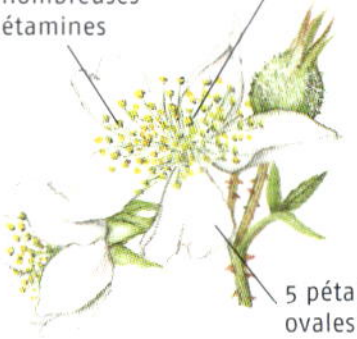

Genêt noir

Cytisus nigricans (fabacées)
H 0,3-1,2 m juin-août

Si on fait lentement sécher le genêt noir, sous une presse par exemple, il se teinte en noir. Si, par contre, on arrose la plante avant le séchage avec de l'eau bouillante ou si on la repasse, elle reste verte. En effet, les températures élevées provoquent une modification des substances qui sont à l'origine du noircissement.

Habitat *Spontané dans l'est de l'Europe, les Alpes du Sud et le sud de l'Allemagne, dans les lisières ensoleillées. Grappes pouvant compter jusqu'à 100 fleurs inclinées.*

> ***Floraison odorante.***
> ***Exige une situation chaude.***
> ***Pousse souvent dans les sols caillouteux.***

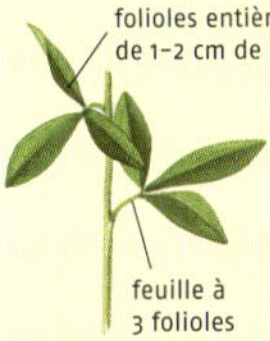

Barbe de Jupiter

Anthyllis barba-jovis (fabacées)
H 0,5-2 m avr.-juin

À l'origine, le nom « barbe de Jupiter » désignait une joubarbe (*Sempervivum*) à feuilles charnues et fleurs jaunes. Selon une superstition moyenâgeuse, elle était censée éloigner les éclairs lancés par Jupiter. Plus tard, le nom fut utilisé pour désigner cet arbuste aux éclats argentés, peut-être parce qu'il rappelle de loin la barbe blanche de Jupiter.

Habitat *Spontané sur les côtes rocheuses du bassin méditerranéen. Arbuste d'ornement dans le sud de l'Europe. Les fleurs forment des capitules à l'extrémité des rameaux.*

> ***Feuillage à l'éclat argenté, surtout au revers.***
> ***Supporte la sécheresse.***
> ***Bel arbuste d'ornement, mais pas rustique.***

Caraganier

Caragana arborescens (fabacées)
H 0,5–4 m   mai–juin

À une certaine époque, le caraganier, également appelé « arbre aux pois », était fréquemment planté dans les jardins. Pourtant, comparé aux arbustes d'ornement répandus de nos jours, sa floraison n'est pas particulièrement luxuriante. C'est pourquoi les jardiniers ne l'utilisent pratiquement plus que pour les situations qui exigent en priorité des plantes faciles à cultiver, même si leur floraison est plus modeste.

Habitat *Originaire de Sibérie et de Mandchourie. En Europe, planté dans les parcs, en brise-vent et aussi sur les talus autoroutiers. Fleurs solitaires ou en groupes de 2–4.*

> ***Toxique !***
> ***Peu exigeant sur la nature du sol.***
> ***Pousse au soleil comme à l'ombre.***

Baguenaudier

Colutea arborescens (fabacées)
H 1,5–4 m   mai–août

Les fruits en vessie renflée persistent longtemps sur l'arbre. Contrairement à la plupart des autres « légumineuses », ils ne s'ouvrent pas, mais sont dispersés par le vent. Quand on les pose sur la paume et qu'on les écrase brusquement, ils éclatent en émettant un bruit sec.

Habitat *Spontané dans le sud de l'Europe. Ailleurs, souvent dans les parcs, les jardins, en alignement, parfois naturalisé. Les fruits renflés sont caractéristiques.*

> ***Toxique ! Provoque vomissements et diarrhées.***
> ***Utilisé autrefois comme laxatif.***
> ***A besoin de chaleur.***

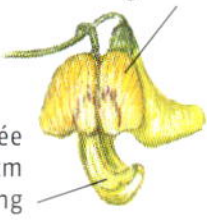

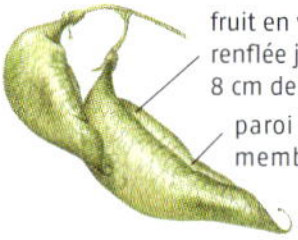

Poncirus

Poncirus trifoliata (rutacées)
H 1-4 m avr.-mai

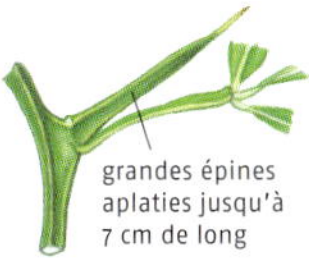

Contrairement à ses proches parents tels que l'oranger (p. 113) et le citronnier (p. 114), le poncirus est rustique. Il résiste jusqu'à – 20 °C et peut être cultivé en pleine terre dans de nombreuses régions. Il est également utilisé comme porte-greffe pour divers agrumes.

Habitat *Originaire du nord de la Chine. En Europe, planté dans les jardins de climat doux. Les fruits pouvant atteindre 5 cm persistent longtemps sur les rameaux.*

> ***Fruits ressemblant à des oranges mais non comestibles.***
> ***A besoin de beaucoup de soleil.***
> ***Arbuste très décoratif.***

Lentisque

Pistacia lentiscus (anacardiacées)
H 1-3 m mars-juin

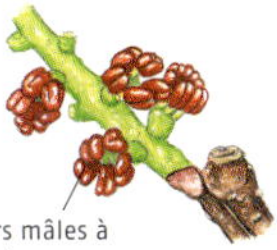

Les Grecs cultivent sur l'île de Chio des sujets formés en arbre pour recueillir leur résine, ou mastic. Celle-ci est utilisée pour la confection d'eau-de-vie, comme le raki et l'ouzo, et de vin, comme le retsina. Elle est aussi préconisée contre les maux d'estomac. Le vernis élaboré à partir du mastic, bien que très jaunissant, était autrefois utilisé par les artistes pour protéger leurs peintures à l'huile.

Habitat *Indigène dans les garrigues et les maquis du bassin méditerranéen. Les fleurs femelles se remarquent à peine au milieu du feuillage persistant.*

> ***Il existe des arbustes mâles et femelles.***
> ***Le feuillage froissé sent la térébenthine.***
> ***Également appelé « arbre à mastic ».***

Pistachier térébinthe

Pistacia terebinthus (anacardiacées)

H 2-5 m   avr.-juill.

Habitat *Spontané dans tout le bassin méditerranéen, dans les maquis et les bois clairs. Les fruits de la grosseur d'un pois sont réunis en panicules lâches.*

- ***Forme un arbuste ou un petit arbre.***
- ***Feuilles vertes uniquement en été.***
- ***Remonte au nord jusqu'au lac de Garde.***

Le tronc incisé libère une résine odorante qui servait à l'origine à fabriquer l'essence de térébenthine. De nos jours, l'essence de « térébenthine » est produite à partir de la résine de pins. Le pistachier térébinthe porte souvent des galles creuses qui sont utilisées en Orient pour teinter la soie.

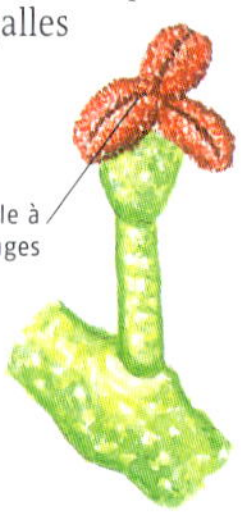

Le saviez-vous ?

*Les pistaches vertes qu'on trouve dans la mortadelle ou qu'on grignote à l'apéritif viennent d'une espèce proche, le pistachier vrai (*Pistacia vera*), un arbre originaire d'Asie qui peut atteindre 10 m de haut dans son aire naturelle.*

Pavier blanc

Aesculus parviflora (hippocastanacées)
H 2-4 m   juill.-août

Contrairement aux marronniers (p. 155-156), le pavier blanc développe toujours plusieurs branches principales. Il produit de nombreux drageons et s'étale rapidement pour former des fourrés denses. Il est très décoratif planté en isolé sur une grande pelouse. Les fleurs attirent les papillons et les insectes pollinisateurs.

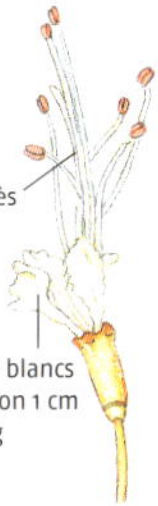

Habitat *Originaire du sud-est des États-Unis. En Europe, dans les parcs et les jardins. Se remarque par ses inflorescences dressées.*

> ***Floraison odorante le soir.***
> ***Feuilles jaunes en automne.***
> ***Fruits de 2-3 cm de diamètre, généralement peu nombreux.***

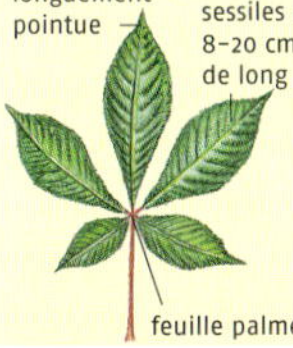

Jasmin d'hiver

Jasminum nudiflorum (oléacées)
H 2-3 m   déc.-avr.

Contrairement au vrai jasmin (voir encadré p. 204), le jasmin d'hiver n'est pas parfumé. Il est cependant très apprécié pour ses longs rameaux sarmenteux qui peuvent couvrir les murs et les toits de garage, ou dissimuler les défauts de construction. Les fleurs couvrent l'arbuste en hiver dès que les températures radoucissent.

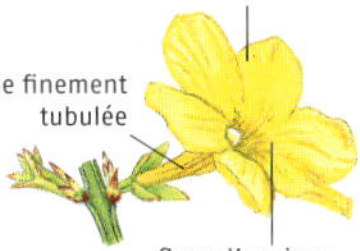

Habitat *Originaire des montagnes du nord de la Chine. Planté comme arbuste d'ornement. Fleurit avant la feuillaison.*

> ***Fleurit, même quand il neige.***
> ***Les feuilles se remarquent à peine.***
> ***Préfère les situations chaudes mais est néanmoins rustique.***

Gattilier

Vitex agnus-castus (verbénacées)
H 1-6 m juin-nov.

Habitat *Spontané dans le bassin méditerranéen, sur les côtes et le long des rivières. Préfère les situations chaudes, ensoleillées. Se remarque à ses grandes inflorescences.*

> ***Le feuillage froissé est très aromatique.***
> ***Également appelé « poivre des moines » et « agneau-chaste ».***
> ***Cultivé en pot dans les régions froides.***

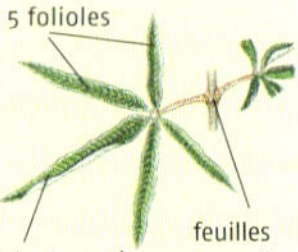

Dans la Grèce antique, cet arbre était consacré à la déesse Héra qui, d'après la légende, était née sous un gattilier. Les médecins savaient déjà à l'époque qu'il inhibait la libido. Plus tard, la plante fut ramenée en Europe par des moines qui assaisonnaient leur nourriture avec les fruits moulus, à l'odeur de poivre, pour éviter les tentations de la chair et respecter leur vœu de chasteté.

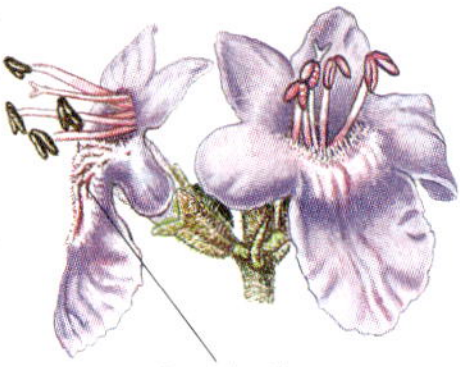

Le saviez-vous ?

Les substances contenues dans les fruits inhibent la formation des hormones sexuelles. En phytothérapie, les remèdes à base d'extraits de fruits sont préconisés entre autres pour soulager les troubles menstruels.

Staphylier

Staphylea pinnata (staphyléacées)

H 2-5 m   mai-juin

Le staphylier produit des fruits insolites en forme de lanterne, renflés et creux, dans lesquels les graines s'entrechoquent quand on les remue. Selon une vieille superstition, les graines porteraient chance. Certaines personnes ont encore de nos jours une de ces « graines porte-bonheur » dans leur porte-monnaie.

Habitat *Spontané dans le sud de l'Europe. Rare en Europe centrale, en lisière de forêt. Planté dans les jardins. Graines de la grosseur d'un pois à l'intérieur des fruits.*

> ***Arbuste généralement dénudé dans le bas.***
> ***Fruits caractéristiques.***
> ***Également appelé « faux pistachier ».***

Sureau à grappes

Sambucus racemosa (caprifoliacées)

H 2-4 m   avr.-mai

Les fruits crus du sureau à grappes, à la saveur âpre, peuvent provoquer des gastro-entérites. Autrefois, ils étaient utilisés comme purgatif et vomitif. Les amateurs de fruits sauvages peuvent cependant cuire les baies, séparer les graines et utiliser le jus pour la confection de gelées et confitures.

Habitat *Spontané dans le centre de l'Europe, naturalisé en Scandinavie. Dans les bois, les fourrés, sur les talus rocailleux. Les fleurs apparaissent en même temps que les feuilles.*

> ***Les fruits attirent les oiseaux.***
> ***Supporte les situations ombragées.***
> ***Plus fréquent en montagne qu'en plaine.***

Bougainvillier

Bougainvillea glabra (nyctaginacées)
H 5-8 m avr.-sept.

***Habitat** Originaire du Brésil. Planté au pied des murs dans le sud de l'Europe, cultivé en pot ailleurs. Bractées florales rouge violacé caractéristiques.*

- > **Porte des épines étalées sur les tiges.**
- > **Peut couvrir des murs entiers dans le sud de l'Europe.**
- > **Résistant aux maladies.**

L'attrait de la floraison du bougainvillier (ou bougainvillée) est dû aux 3 bractées colorées qui entourent les vraies fleurs. Celles-ci, petites et jaunâtres, se remarquent à peine. Ce sont également les bractées qui, dans le pays d'origine de la plante, attirent les colibris et autres pollinisateurs vers la fleur : les tons rouges sont particulièrement attractifs pour ces oiseaux.

Chèvrefeuille des jardins

Lonicera caprifolium (caprifoliacées)
H 3-6 m mai-juill.

***Habitat** Spontané dans le sud de l'Europe. Ailleurs, planté dans les jardins et naturalisé dans les fourrés. Fleurs en bouquets de 6-10, au-dessus de la dernière paire de feuilles soudées en disque.*

- > **Particulièrement odorant le soir.**
- > **Produit des baies globuleuses rouge orangé.**
- > **Ne fleurit qu'en situation ensoleillée.**

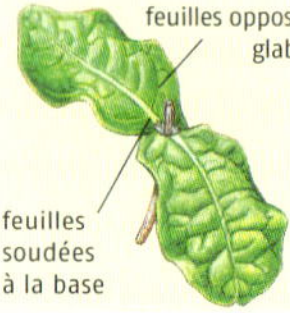

Le chèvrefeuille des jardins est particulièrement prisé des jardiniers pour sa silhouette dense et son parfum envoûtant. Au XVIIIe siècle, il faisait partie des plantes de jardin les plus communes. Les fleurs attirent les papillons de nuit qui, tels des petits colibris, font du vol stationnaire devant les fleurs et récupèrent le nectar grâce à leur longue trompe.

Chèvrefeuille des bois

Lonicera periclymenum (caprifoliacées)

H 3-6 m   mai-juill.

Le chèvrefeuille des bois est une liane très vigoureuse qui a vite fait d'étrangler ses voisines si on ne la dégage pas régulièrement. Son feuillage très dense en fait un lieu de choix pour la nidification et le refuge de nombreux oiseaux. Les baies rouge vif qui apparaissent en fin d'été provoquent des troubles digestifs.

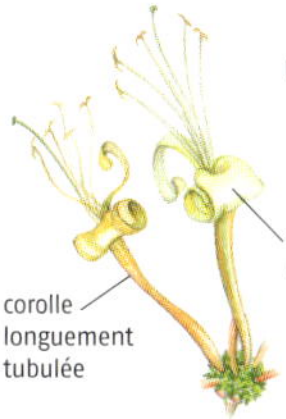

Habitat *Spontané dans l'ouest et le centre de l'Europe, dans les forêts de feuillus, les lisières de bois, les fourrés. Les fleurs sont groupées en bouquets terminaux.*

> ***Feuilles jamais soudées.***
> ***A besoin d'une atmosphère humide.***
> ***Parfum un peu moins fort que celui du chèvrefeuille des jardins.***

Chèvrefeuille du Japon

Lonicera japonica (caprifoliacées)

H 2-6 m   mai-sept.

Cette vigoureuse plante grimpante fleurit souvent 2 fois dans la saison. Ses fleurs au parfum puissant sont blanches quand elles s'ouvrent, puis virent au jaune. Certains produits contenant des extraits de feuilles ou de fleurs sont utilisés pour calmer les peaux irritées.

Habitat *Originaire du Japon, de Chine et de Corée. Commun dans les jardins du centre et du sud de l'Europe. Les fleurs sont toujours groupées par 2.*

> ***Tiges creuses.***
> ***Peu exigeant, supporte la chaleur et le soleil.***
> ***Souvent palissé sur des pergolas dans le sud de l'Europe.***

Renouée grimpante

Fallopia baldschuanica (polygonacées)

H 5-15 m juill.-oct.

Habitat *Originaire d'Asie centrale. Grimpe sur les murs, les lampadaires, les balcons. Pousse au soleil et à mi-ombre. Décorative par l'abondance de sa floraison.*

- ***S'enroule vers la droite et vers la gauche.***
- ***Également appelée « renouée du Turkestan » et « renouée de Boukhara ».***
- ***Floraison odorante.***

Cette plante grimpante a été découverte en Chine à la fin du XIXe siècle. Elle a vite conquis les jardiniers grâce à sa végétation luxuriante, sa robustesse et sa floraison généreuse. Très vigoureuse, elle est particulièrement utilisée pour habiller les façades, les pergolas ou les treillages. Elle peut également envahir rapidement les arbustes et autres plantes grimpantes.

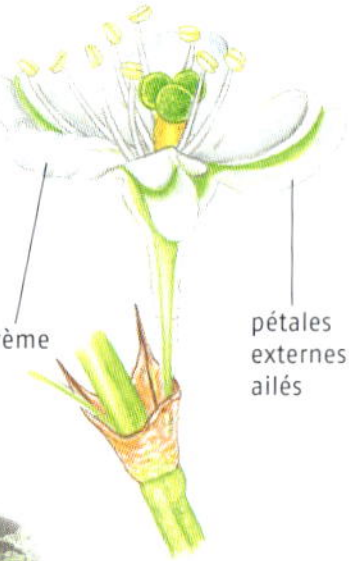

Le saviez-vous ?

La renouée grimpante peut croître de plusieurs mètres dans l'année et habiller ainsi rapidement des façades de maison, des murs inesthétiques et des pans de béton brut. Elle est souvent utilisée de manière analogue pour couvrir les murs antibruit.

Kiwi

Actinidia deliciosa (actinidiacées)
H 5-7 m juin

C'est dans les années 1960 que les kiwis entamèrent leur marche triomphale en Europe. Originaire de Nouvelle-Zélande, ils sont aujourd'hui produits dans diverses régions d'Europe au climat doux. Les fruits, riches en vitamine C, contiennent une enzyme qui dissocie les protéines. Il est préférable de ne pas les mélanger aux produits laitiers.

***Habitat** Originaire de Chine. Cultivé dans le bassin méditerranéen et le sud-ouest de la France. Sous les climats frais, le fruit ne mûrit que si l'été est suffisamment chaud.*

> ***Revers des feuilles couvert d'un feutrage gris et dense.***
> ***Floraison odorante.***
> ***Il existe des pieds mâles et femelles.***

Hortensia grimpant

Hydrangea anomala ssp. *petiolaris* (hydrangéacées)
H 2-15 m juill.

L'hortensia grimpant produit des racines aériennes en forme de crampons qui lui permettent de s'accrocher solidement sur les murs. Cependant, les lourds rameaux fleuris se détachent souvent sous l'effet des vents forts. Quand les rameaux pourvus de racines aériennes entrent en contact avec le sol, ils se marcottent et peuvent donner de nouveaux plants.

***Habitat** Originaire du Japon, de Corée et de Taïwan. En Europe, dans les jardins. Ombelles pouvant atteindre 25 cm de large, avec quelques fleurs stériles munies de sépales à la périphérie.*

> ***Pousse assez lentement.***
> ***Les grandes fleurs du pourtour restent décoratives plusieurs semaines.***
> ***Fleurit aussi en situation ombragée.***

Vigne

Vitis vinifera (vitacées)

H 5-20 m juin-juill.

Habitat *Cultivée depuis des temps immémoriaux. Parfois subspontanée. Le feuillage se teinte de jaune ou de rouge en automne.*

- ***Grimpe au moyen de vrilles.***
- ***Floraison odorante.***
- ***Nombreuses variétés cultivées.***

La vigne est l'une des plus anciennes plantes cultivées, les premières références concernant sa culture remontant selon les scientifiques à 3500-2900 av. J.-C. Le raisin contient du glucose, un glucide qui passe rapidement dans le sang et ravive l'énergie. Il est également riche en minéraux et en vitamines B et C. Une grande partie de la production de raisin est cependant réservée à la vinification.

Le saviez-vous ?

Les viticulteurs utilisent depuis fort longtemps les feuilles en infusion et en compresse pour soulager les jambes lourdes, enflées. On trouve maintenant des remèdes à base de vigne rouge prêts à l'emploi, pour soigner varices et phlébites.

Vigne vierge

Parthenocissus tricuspidata (vitacées)
H 5-15 m juin-août

Il a fallu peu de temps après son introduction en Hollande, il y a plus d'un siècle, pour que cette belle plante grimpante, également appelée « lierre de Boston », s'impose auprès des amateurs de jardin. Peu exigeante, elle n'a pas besoin de palissage. Elle grimpe rapidement sur les façades et les toits, pouvant même soulever des tuiles. Quand on arrache la plante d'un mur, il reste sur la surface des sortes de petites ventouses qu'il faut gratter consciencieusement ou passer à la flamme.

Habitat *Indigène en Chine et au Japon. En Europe, sur les murs, les façades de maison. Les ventouses à l'extrémité des vrilles assurent une fixation solide, même sur les surfaces lisses.*

> ***Dénudée en hiver.***
> ***Supporte l'air pollué des villes.***
> ***Fruits faiblement toxiques.***

Le saviez-vous ?

Le feuillage virant au rouge vif en automne, les façades recouvertes de vigne vierge passent rarement inaperçues à cette époque.

Lierre commun

Hedera helix (araliacées)

H 0,5-20 m sept.-oct.

Habitat *Spontané dans presque toute l'Europe, dans les forêts, sur les rochers, les murailles. Planté dans les parcs et les jardins, au pied des murs. Les fleurs s'épanouissent en automne.*

- > ***Parfait pour habiller les murs de verdure.***
- > ***Nombreuses variétés horticoles.***
- > ***Les fruits nourrissent les oiseaux au printemps.***

Le lierre commun s'élève sur la roche et les troncs à l'aide de racines aériennes. Dans l'Antiquité, le lierre était consacré aux dieux du vin et symbolisait la sérénité et la sociabilité. Les poètes glorieux recevaient une couronne de lierre. Les chrétiens voyaient dans cette liane persistante le signe de l'immortalité. Le lierre est pour cette raison fréquent dans les cimetières et sa feuille souvent gravée sur les tombes.

fleurs jaune verdâtre d'environ 5 mm de large

feuilles en losange, non lobées, sur les rameaux florifères

feuille persistante coriace à 3-5 lobes

fruits noir bleuté jusqu'à 1 cm de large

densément feuillé

tiges grimpantes

développe des grosses branches avec des racines aériennes

Le saviez-vous ?

Le lierre commun n'est pas un parasite, il se procure lui-même sa nourriture. Quand il envahit un arbre jusqu'à la cime, il arrive cependant que ce dernier finisse par « s'asphyxier » ou se briser sous la lourde masse du lierre.

Clématite vigne blanche

Clematis vitalba (renonculacées)

H 5-15 m juin-sept.

L'odeur désagréable de ses fleurs attire les abeilles et les mouches. Les fruits n'arrivent à maturité qu'en hiver et ne se détachent que sous l'effet des vents forts. Du XVIe au XIXe siècle, cette liane des bois était aussi plantée dans les jardins, avant tout pour des effets de verdure. Aujourd'hui, on utilise dans ce but des clématites ornementales à grandes fleurs colorées.

Habitat *Spontanée dans le centre et le sud de l'Europe, dans les forêts alluviales, les lisières forestières, les friches. Les fruits sont bien visibles, surtout en hiver.*

> ***Sève irritante pour la peau.***
> ***Indique un sol riche en azote.***
> ***Peut couvrir des surfaces importantes.***

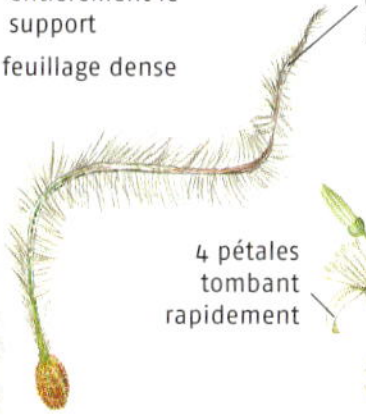

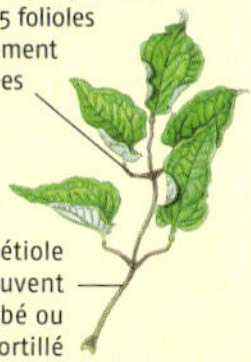

Clématite des Alpes

Clematis alpina (renonculacées)

H 1-3 m mai-juill.

Dans la nature, la clématite des Alpes est une espèce protégée, mais il existe dans le commerce des variétés horticoles pour le jardin. La sève des clématites est très irritante et peut même provoquer des ulcérations sur la peau. Autrefois, les mendiants s'en frottaient le corps pour susciter la pitié, d'où le nom d'« herbe aux gueux » parfois utilisé pour désigner la plante.

Habitat *Spontanée dans les montagnes du centre et du sud-est de l'Europe et en Laponie. Produit des fruits plumeux décoratifs.*

> ***Fleurs pendantes.***
> ***Exige un sol frais.***
> ***Convient aussi pour l'ornement des jardins.***

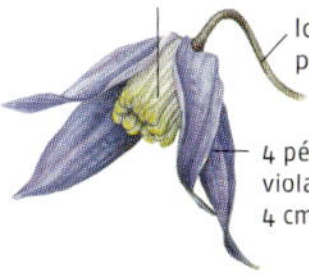

Glycine de Chine

Wisteria sinensis (fabacées)

H 8-10 m mai-juin

Habitat *Originaire de Chine. Plantée en situation ensoleillée pour garnir murs, pergolas et balcons. Les fleurs d'une même grappe s'ouvrent simultanément.*

- ***Plante entièrement toxique, surtout les graines !***
- ***Floraison très odorante.***
- ***Tiges nues en hiver.***

En Chine, les branches des glycines sauvages s'enroulent autour des arbres et envahissent les haies. Là-bas, cela fait longtemps que l'espèce est utilisée pour l'ornement des jardins. L'introduction de la plante en Europe date uniquement de 1816. Le semis ne vaut pas la peine, car un sujet issu de semis mettra au moins 10 ans avant de fleurir. Il est préférable de multiplier la plante par marcottage.

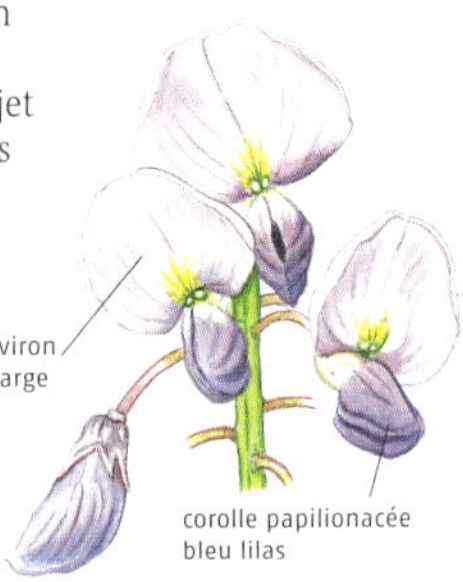

Le saviez-vous ?

La gousse peut atteindre 15 cm de long. À maturité, sa partie inférieure s'ouvre brusquement, projetant les graines jusqu'à 9 m de distance.

Vigne vierge de Virginie

Parthenocissus quinquefolia (vitacées)

H 8-15 m juin-août

Introduite en Europe vers 1610, cette liane peu exigeante a été rapidement utilisée dans les parcs pour habiller les arcades. Cependant, elle ne s'accroche pas aussi solidement sur les façades de maison que la vigne vierge (p. 241). On la plante donc plus volontiers sur un treillage, sur lequel les vrilles peuvent s'enrouler.

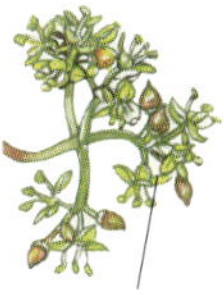

Habitat *Originaire d'Amérique du Nord. En Europe, utilisée pour garnir clôtures, pergolas et façades de maison, parfois aussi naturalisée. Pousses souvent teintées de rouge.*

> ***Également appelée « vigne vierge vraie ».***
> ***Croissance très vigoureuse.***
> ***Préfère le soleil, mais supporte aussi l'ombre.***

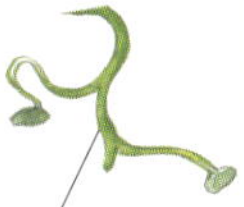

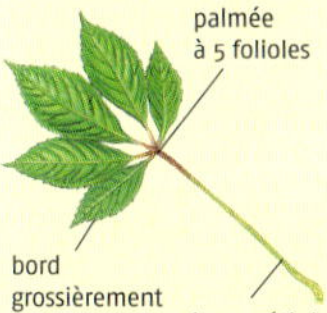

Bignone

Campsis radicans (bigoniacées)

H 5-10 m juill.-sept.

Dans son pays, la bignone, également appelée « trompette de Virginie », attire les colibris. Ceux-ci se figent en vol stationnaire devant les fleurs et insèrent leur tête dans la corolle de façon à atteindre le nectar sucré qui se trouve dans la gorge de la fleur. Chez nous, on observe souvent des guêpes tournant autour du calice à la recherche d'un peu de nectar.

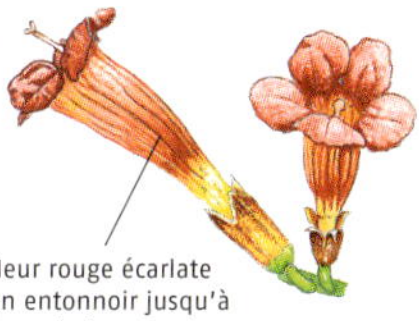

Habitat *Originaire des États-Unis. En Europe, utilisée pour orner les murs et les balcons dans les lieux ensoleillés. Les inflorescences se tiennent à l'horizontale.*

> ***S'accroche au moyen de racines aériennes.***
> ***Il existe aussi une variété à fleurs jaunes.***
> ***Résiste au froid.***